建筑装饰施工一体化技能实训

高等职业教育建筑与规划类专业"十四五"数字化新形态教材

广州中望龙腾软件股份有限公司 组织编写
叶爱银 主编
魏峰 主审

中国建筑工业出版社

图书在版编目（CIP）数据

建筑装饰施工一体化技能实训 / 广州中望龙腾软件股份有限公司组织编写；叶爱银主编 . -- 北京：中国建筑工业出版社，2024.7. --（高等职业教育建筑与规划类专业"十四五"数字化新形态教材）. --ISBN 978-7-112-29943-0

Ⅰ. TU767

中国国家版本馆 CIP 数据核字第 2024576A1H 号

《建筑装饰施工一体化技能实训》是针对建筑装饰工程技术专业岗位群能力培养而编写的一本综合实训教材。

本书采用项目式教学法编写，精选建筑装饰工程的全套图纸作为实训的载体，以实际工程案例作为实训素材，包含十二个任务，进行一体化实训。任务一到任务十一全面将建筑装饰内容、特点融入施工图绘制与识读过程中，详细介绍了施工图绘制的方法与步骤，包括原始平面图、平面布置图、地面铺装图、天花布置图、灯具定位图、强弱电点位图、立面图、客厅天花节点大样图、卫生间洗手台节点大样图、客厅墙面硬包大样图、客厅石材背景墙大样图；任务十二为建筑装饰施工图深化设计实训任务书。全书融"教、学、做"于一体，让学生在学习的过程中能了解整个工程全貌。

本书可作为高职高专建筑装饰工程技术专业实训教学用书，也可供建筑室内设计、环境艺术设计、建筑设计等相关专业实训教学使用，同时也可作为建筑装饰企业员工岗位培训教学参考书。

为更好地支持本课程的教学，我们向选用本书作为教材的教师免费提供教学课件，有需要者请与出版社联系，邮箱：jckj@cabp.com.cn，电话：（010）58337285，建工书院：https://edu.cabplink.com。

责任编辑：周 觅 杨 虹 司 汉
责任校对：李美娜

高等职业教育建筑与规划类专业"十四五"数字化新形态教材
建筑装饰施工一体化技能实训
广州中望龙腾软件股份有限公司 组织编写
叶爱银 主编
魏 峰 主审

*

中国建筑工业出版社出版、发行（北京海淀三里河路9号）
各地新华书店、建筑书店经销
北京雅盈中佳图文设计公司制版
北京圣夫亚美印刷有限公司印刷

*

开本：787毫米×1092毫米 1/16 印张：$11\frac{1}{4}$ 字数：239千字
2024年8月第一版 2024年8月第一次印刷
定价：42.00元（赠教师课件）
ISBN 978-7-112-29943-0
（43081）

版权所有 翻印必究
如有内容及印装质量问题，请与本社读者服务中心联系
电话：（010）58337283 QQ：2885381756
（地址：北京海淀三里河路9号中国建筑工业出版社604室 邮政编码：100037）

本书编委会

主　　编：叶爱银
副 主 编：丁晓静　李丽芬　武郑芳
编写人员：李　纳　邱玉蕊　张永锋　张欢欢　张霄逸
　　　　　　岳程翔　殷秀婵　俞　江　倪婷婷　叶　硕
　　　　　　冯　敏　曹志芳　王振江　刘文娟　黄天奕
主　　审：魏　峰

前　言

《职业教育提质培优行动计划（2020—2023 年）》的通知提出了职业教育发展的新阶段，主要目标为通过建设，职业教育与经济社会发展需求对接更加紧密、同人民群众期待更加契合、同我国综合国力和国际地位更加匹配，中国特色现代职业教育体系更加完备、制度更加健全、标准更加完善、条件更加充足、评价更加科学。

本书坚持以能力为本位、以学生为主体的教学理念，着眼于学生的全面发展和培养学生的综合素质与职业能力。以"模块化"教学体现课程的教学目标，适合当前职业教育的课程任务和目标，可操作性强。

本书由国家"双高计划"建设单位福建信息职业技术学院叶爱银主编。编写分工如下：叶爱银主持编写任务一至任务七部分内容，参与编写任务八至任务十二部分内容，并对全书进行统稿；丁晓静（石家庄职业技术学院）主持编写任务八至任务十二部分内容；殷秀婵（广州华商职业学院）编写任务三；武郑芳（郑州铁路职业技术学院）编写任务四；张永锋（广州市城市建设职业学校）、曹志芳（广东创新科技职业学院）编写任务五；邱玉蕊（河北建材职业技术学院）编写任务六；李丽芬（云南城市建设职业学院）编写任务七并参与本书的统稿；李纳（河南建筑职业技术学院）编写任务八；张欢欢（安庆职业技术学院）编写任务九；岳程翔（广东机电职业技术学院）编写任务十；张霄逸（兰州现代职业学院）编写任务十一；俞江（福建建筑学校）录制任务十视频；福建信息职业技术学院叶硕、倪婷婷和冯敏提出修改意见；河北工艺美术职业学院王振江、宣化科技职业学院刘文娟和渭南职业技术学院黄天奕也参与了本书的指导工作。本书中的施工图由广州中望龙腾软件股份有限公司提供，本书由福建理工大学魏峰教授审稿，在此一并表示感谢。本书在编辑的过程中，对原图做了必要的修改和删减，特此说明。

本书是课程改革的产物，限于编者水平，节中难免存在不妥之处，希望读者对本书提出意见和建议。

编者

目 录

模块一 制图与识图

任务一 原始平面图 ··· 3
    1.1 教学目标 ·· 4
    1.2 任务与分析 ·· 4
    1.3 基础知识 ·· 6
    1.4 任务实施 ·· 7
    1.5 任务评价 ··· 21
    1.6 任务小结 ··· 21

任务二 平面布置图 ··· 23
    2.1 教学目标 ··· 24
    2.2 任务与分析 ··· 24
    2.3 基础知识 ··· 24
    2.4 任务实施 ··· 28
    2.5 任务评价 ··· 33
    2.6 任务小结 ··· 34

任务三 地面铺装图 ··· 37
    3.1 教学目标 ··· 38
    3.2 任务与分析 ··· 38
    3.3 基础知识 ··· 38
    3.4 任务实施 ··· 39
    3.5 任务评价 ··· 45
    3.6 任务小结 ··· 45

任务四 天花布置图 ··· 47
    4.1 教学目标 ··· 48
    4.2 任务与分析 ··· 48
    4.3 基础知识 ··· 49
    4.4 任务实施 ··· 50
    4.5 任务评价 ··· 56
    4.6 任务小结 ··· 56

任务五　灯具定位图 ·· 59
5.1　教学目标 ·· 60
5.2　任务与分析 ·· 60
5.3　基础知识 ·· 60
5.4　任务实施 ·· 61
5.5　任务评价 ·· 65
5.6　任务小结 ·· 65

任务六　强弱电点位图 ······································ 67
6.1　教学目标 ·· 68
6.2　任务与分析 ·· 68
6.3　基础知识 ·· 68
6.4　任务实施 ·· 69
6.5　任务评价 ·· 74
6.6　任务小结 ·· 74

任务七　立面图 ·· 75
7.1　教学目标 ·· 76
7.2　任务与分析 ·· 76
7.3　基础知识 ·· 76
7.4　任务实施 ·· 78
7.5　任务评价 ·· 88
7.6　任务小结 ·· 88

模块二　材料与构造

任务八　客厅天花节点大样图 ································ 93
8.1　教学目标 ·· 94
8.2　任务与分析 ·· 94
8.3　基础知识 ·· 95
8.4　任务实施 ·· 104
8.5　任务评价 ·· 123
8.6　任务小结 ·· 123

任务九　卫生间洗手台节点大样图 ···························· 125
9.1　教学目标 ·· 126
9.2　任务与分析 ·· 126
9.3　基础知识 ·· 127

9.4 任务实施 ……………………………………………………………………………… 127
9.5 任务评价 ……………………………………………………………………………… 134
9.6 任务小结 ……………………………………………………………………………… 134

任务十　客厅墙面硬包大样图 …………………………………………………… 135
10.1 教学目标 …………………………………………………………………………… 136
10.2 任务与分析 ………………………………………………………………………… 136
10.3 基础知识 …………………………………………………………………………… 136
10.4 任务实施 …………………………………………………………………………… 137
10.5 任务评价 …………………………………………………………………………… 146
10.6 任务小结 …………………………………………………………………………… 146

任务十一　客厅石材背景墙大样图 ……………………………………………… 149
11.1 教学目标 …………………………………………………………………………… 150
11.2 任务与分析 ………………………………………………………………………… 150
11.3 基础知识 …………………………………………………………………………… 151
11.4 任务实施 …………………………………………………………………………… 152
11.5 任务评价 …………………………………………………………………………… 156
11.6 任务小结 …………………………………………………………………………… 156

模块三　施工图实训

任务十二　建筑装饰施工图深化设计 …………………………………………… 161
实训任务书 ……………………………………………………………………………… 162
一、建筑装饰施工图设计实训须知 …………………………………………………… 162
二、建筑装饰施工图深化设计 ………………………………………………………… 162
三、建筑装饰施工图设计方案、效果图及说明 ……………………………………… 163
四、任务分析 …………………………………………………………………………… 167

参考文献 ………………………………………………………………………………… 170

建筑装饰施工一体化技能实训

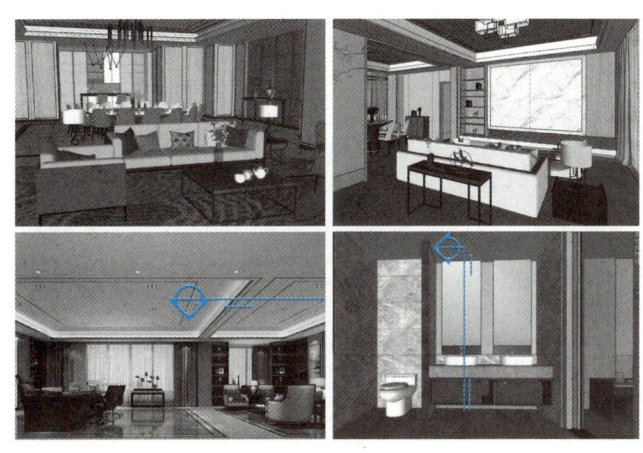

建筑装饰施工一体化技能实训

模块一
制图与识图

建筑装饰施工一体化技能实训

1

任务一　原始平面图

  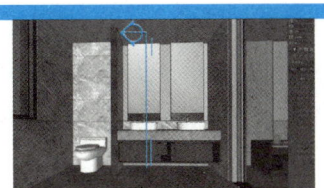 

1.1 教学目标

1. 知识目标
(1) 了解原始平面图的表现内容；
(2) 熟悉绘制原始平面图的工作流程；
(3) 掌握原始平面图绘制步骤和方法。

2. 能力目标
(1) 学习使用建筑 CAD 绘制原始平面图；
(2) 掌握绘制原始平面图的不同方法；
(3) 能按规范要求进行图纸审核。

3. 思政元素
(1) 培养严谨、认真的学习和工作态度；
(2) 能正确理解国产化软件发展必要性和产业政策；
(3) 培养分析问题、发现问题，用创新的思维去解决问题的职业素养；
(4) 强调细节的重要性，培养工匠精神。

1.2 任务与分析

1. 任务目的
(1) 通过量房图或房型图片实际尺寸绘制原始平面图；
(2) 熟练掌握绘制过程中使用的工具和绘图方法。

2. 任务分析

当接收到一个项目的时候会得到不同的原始资料，一般有三种情况，依次是 DWG 格式电子文件、手绘量房图、房型图片，以下依次分析绘制出原始平面图的过程。

（1）DWG 格式电子文件

DWG 格式电子文件原始资料可以直接导入建筑 CAD 绘图软件中提取出墙体，如图 1-1 所示。注意需在现场重新复核，确定电子文件与实际建筑结构的尺寸是否存在出入，之后标好墙体尺寸完成原始平面图绘制。

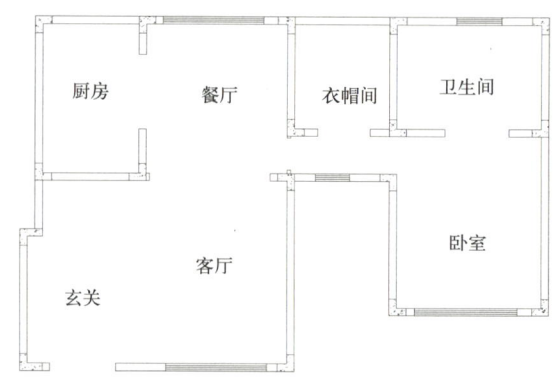

图 1-1 DWG 格式电子文件

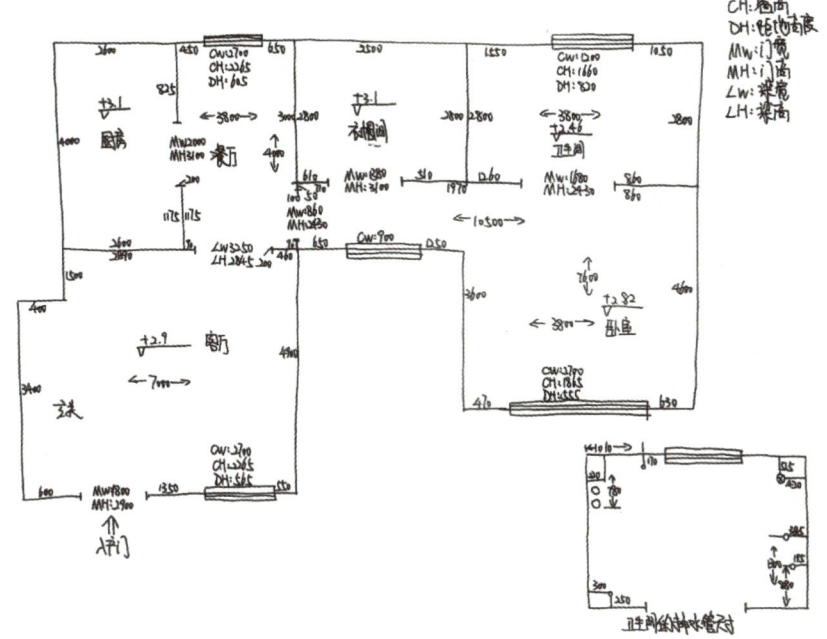

图1-2 手绘量房图

（2）手绘量房图

图1-2为现场手绘量房图，依据手绘量房图的尺寸在建筑CAD绘图软件中绘制出结构墙柱和门窗等，并标注尺寸完成绘制。注意测量的尺寸可能存在误差，需要对数据进行分析，绘制出合理的结构。详细绘制方法见于1.4.1根据手绘量房图绘制原始平面图。

（3）房型图片

图1-3为房型的结构图片，其优点是墙体之间的比例关系正确，可以通过缩放将房型图片变成实际建筑结构的大小，接着在建筑CAD绘图软件中用

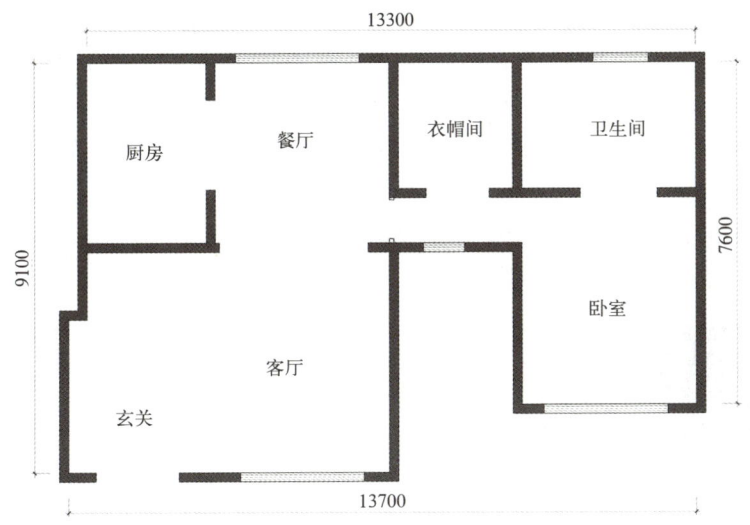

图1-3 房型结构图片

任务一 原始平面图 5

描图画线的形式还原出墙体的电子版(条件允许情况下,可以到实际现场核对一下尺寸)。注意绘制的尺寸个位数为0或5。详细绘制方法见于1.4.2根据房型图片绘制原始平面图。

1.3 基础知识

1. 原始平面图绘制内容

原始平面图通常以层数命名,如一层(底层)原始平面图、二层原始平面图等。原始平面图表达的内容有:

(1) 墙、柱及其定位轴线和轴线编号、门窗位置、门窗编号、门的开启方向、房间的名称和编号等(平面图上定位轴线的编号:横向定位轴线编号应用阿拉伯数字,从左至右顺序编写,如①-⑤轴;纵向定位轴线编号应用A、B、C……字母表示,从下至上顺序编写)。注意英文字母中I、O及Z三个字母不得作轴线编号,避免与数字1、0、2混淆。

(2) 轴线间尺寸(柱距和跨度),墙、柱门窗洞口尺寸及其与轴线的关系尺寸,楼梯、电梯位置和楼梯上下方向示意,地面标高等,注意厨房、卫生间的标高。

(3) 楼地面预留孔道(排水口、排水管)和通气管道、隔断的位置和尺寸等。

(4) 阳台、台阶、坡道、中庭、变形缝位置及尺寸,建筑构造部位的位置及尺寸等。

(5) 强、弱配电箱,可视电话,天然气表等定位尺寸。

(6) 卫生间坑距(马桶或蹲便器下水口定位尺寸)。

2. 原始平面图绘制注意事项

(1)墙体填充图案、区分

常见的尺寸包括100mm、120mm、200mm、240mm。墙体填充的两种不同方式用来区分该墙是否可以拆除。混凝土墙体不可以拆除,绘制时一般用实体填充,可用SOLID填充图案,如图1-4(a)所示;其他的砖墙、砌块墙和轻钢龙骨隔墙等可以拆除的墙体一般使用单斜线填充,填充图案如图1-4(b)所示。

(2)标明地面标高

区分地面不同的高度,注意卫生间、地面台阶和飘窗等。如果尺寸图需要注明梁的位置,用虚线在图上绘制出来,并注明标高。

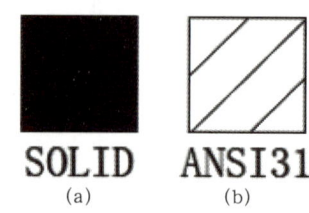

图1-4 墙体填充图案
(a) 实体填充;
(b) 单斜线填充

（3）标明房间名称、轴号及尺寸标注

打印出图轴号直径一般为 8mm，需要根据确定的平面图比例换算。外墙尺寸标注需要三道尺寸，第一道是房间墙面及窗户的小尺寸，第二道是轴线间的大尺寸，第三道是该方向的总尺寸。

1.4 任务实施

1.4.1 根据手绘量房图绘制原始平面图

1. 绘图环境设置

打开"建筑 CAD 教育版 2023"软件，新建一个图形将其命名为"原始平面图"，建筑 CAD 在绘制时会自带图层。若用户需自行创建图层，应用〖图层特性管理器〗（快捷键 LA）创建新建图层，图层设置参考表 1-1 图层设置表。

（1）图层设置要求（表 1-1）

图层设置表　　　　　　　　　　　表1-1

图层名称	颜色	线型	线宽	备注
公-轴号-文字	白	连续	默认	自带图层
公-轴网	红	CENTER2	默认	自带图层
公-轴网-标注	绿	连续	默认	自带图层
建-标高标注	绿	连续	默认	自带图层
建-尺寸	绿	连续	默认	自带图层
建-文字	白	连续	默认	自带图层
墙体	255	连续	默认	新建图层
墙体填充	8	连续	默认	新建图层
窗户	青	连续	默认	新建图层
柱	255	连续	默认	新建图层

注：①新建的图形中一定会有一个名称为"0"的图层，尽量不要在这个图层上绘图，一般在定义图块时我们在这个图层上进行。

②在绘制过程中一般在标注尺寸时，建筑 CAD 会自动生成一个名为"Defpoints"的图层，这个图层中的内容能显示出来但是不会被打印出来，可以利用这个图层绘制辅助线。

③用户可自行创建图层，建筑 CAD 在绘制时会自带图层如"公-*""建-*"等。

（2）文字样式设置要求

1）汉字：样式名为"汉字"，字体名为"仿宋"，宽度因子为 0.7。

2）非汉字：样式名为"非汉字"，字体名为"simplex.shx"，宽度因子为 0.7。

3）尺寸样式设置标注：新建尺寸标注样式名为"标注 75"；文字样式选用"非汉字"，文字高度为 3mm，箭头大小为 1.2mm，基线间距为 10mm，尺寸界线偏移尺寸线 2mm，尺寸界线偏移原点 5mm，使用全局比例为 75；主单位单位格式为"小数",精度为"0"。

（3）比例设定

绘图比例为1：1,出图比例为1：75。

绘制要求如下,其余未明确部分按现行制图标准绘制。

2．墙体及窗户绘制

（1）设置"墙体"图层为当前图层。

（2）从入户门开始画图,墙体厚度为200mm。启动〖直线〗命令（快捷键L）,按空格键执行命令,在命令行"指定第一点："提示下,在屏幕的左下角单击任意一点作为直线的第一个点,输入200后按空格键结束命令。

（3）启动〖复制〗命令（快捷键CO）,按空格键执行命令,在命令行"选择对象："提示下,选择上面绘制的直线并按Enter键进入下一个命令;在命令行"指定基点或[位移（D）/模式（O）]＜位移＞："提示下,捕捉直线的第一个点;在命令行"指定第二点或[阵列（A）/等距（E）/等分（I）/沿线（P）]＜使用第一点当做位移＞："提示下,输入1800后按空格键结束命令,如图1-5所示。

启动〖草图设置〗命令（快捷键DS）,开启全部捕捉对象,注意画线的过程中〖对象捕捉〗（快捷键F3）、〖正交模式〗（快捷键F8）要一直打开。

（4）选择逆时针方向继续绘制门洞口处墙宽和内墙线、窗宽和窗线,应用〖直线〗命令（快捷键L）和〖复制〗命令（快捷键CO）绘制出长1350mm、宽200mm的墙体;绘制出长2700mm、宽200mm的窗户,绘制完成如图1-6所示。

图1-5 门洞口处墙线绘制（左）
图1-6 墙体绘制（右）

（5）窗户的画法一般内部画两条线或者三条线,以三条线为例,启动〖复制〗命令（快捷键CO）,按空格键执行命令,在命令行"选择对象："提示下,选择2700mm的直线并按Enter键进入下一个命令;在命令行"指定基点或[位移（D）/模式（O）]＜位移＞："提示下,捕捉2700mm直线的第一个点;在命令行"指定第二点或[阵列（A）/等距（E）/等分（I）/沿线（P）]＜使用第一点当做位移＞："提示下,选择"等分（I）";在命令行"指定需要复制的数量："提示下,输入4后按空格键确认,捕捉200mm宽线段端点,按空格键结束命令,如图1-7所示。

选择中间三条窗线,点击图层控制,将中间三条窗线改为窗户图层,如图1-8所示。

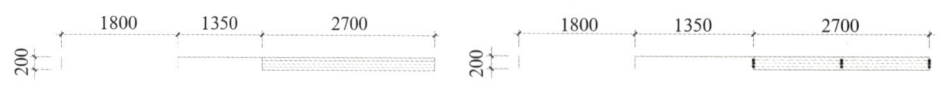

图1-7 窗户绘制（左）
图1-8 创建窗户图层（右）

（6）绘制玄关客厅空间内墙线

参考相同的方法按照量房尺寸要求绘制玄关客厅空间内墙线，完成后的图形如图1-9所示。

（7）绘制厨房和餐厅内墙线

根据量房图尺寸和位置要求，应用〖直线〗命令（快捷键L）绘制厨房区域长度为1175mm直线。启动〖复制〗命令（快捷键CO），按空格键执行命令，在命令行"选择对象："提示下，选择上面绘制的1175mm长线段并按Enter键进入下一个命令；在命令行"指定基点或[位移（D）/模式（O）]<位移>："提示下，捕捉直线的端点；在命令行"指定第二点或[阵列（A）/等距（E）/等分（I）/沿线（P）]<使用第一点当做位移>："提示下，输入200向左复制200mm，按空格键结束命令，如图1-10所示。

二维码1-1 原始平面图——手绘量房图1绘制视频

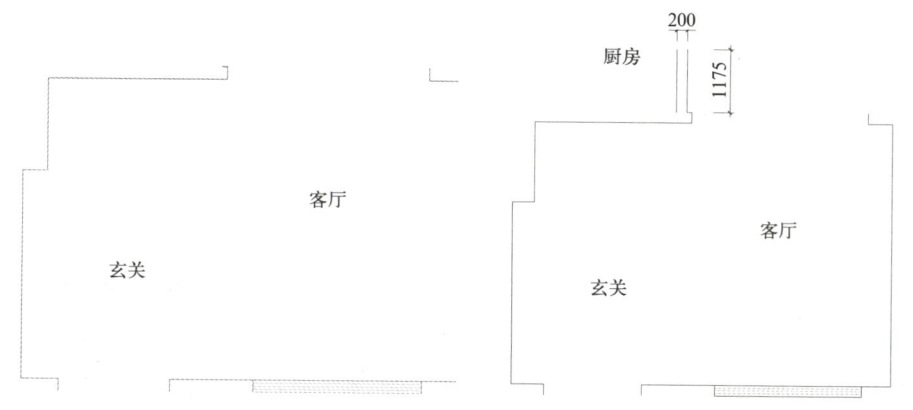

图1-9 玄关客厅空间内墙线（左）

图1-10 厨房内墙线绘制（右）

应用同样的绘制方法，根据量房图尺寸和位置要求，从餐厅的垭口开始沿顺时针方向完成厨房和餐厅的图纸。相邻的墙体可以用〖复制〗命令（快捷键CO）或者〖偏移〗命令（快捷键O）绘制，不需要一直用绘制直线命令完成，可以提高绘图效率，绘制完成后如图1-11所示。

> **特别提示：**
> ● 由于量房有误差，绘制墙体过程中注意同一道墙要对齐。

（8）绘制门垛

餐厅与卧室之间需要留出门垛，长度50mm，墙厚100mm。启动〖矩形〗命令（快捷键REC），按空格键执行命令，在命令行"指定第一个角点或[倒角（C）/标高（E）/圆角（F）/正方形（S）/厚度（T）/宽度（W）]："提示下，捕捉过道处内墙线端点；在命令行"指定其他角点或[面积（A）/尺寸（D）/旋转（R）]："提示下，输入@100,-100，按空格键结束命令。另一个门垛可以直接用〖矩形〗命令（快捷键REC）或者〖复制〗命令（快捷键CO）完成绘制，如图1-12所示。

任务一 原始平面图 **9**

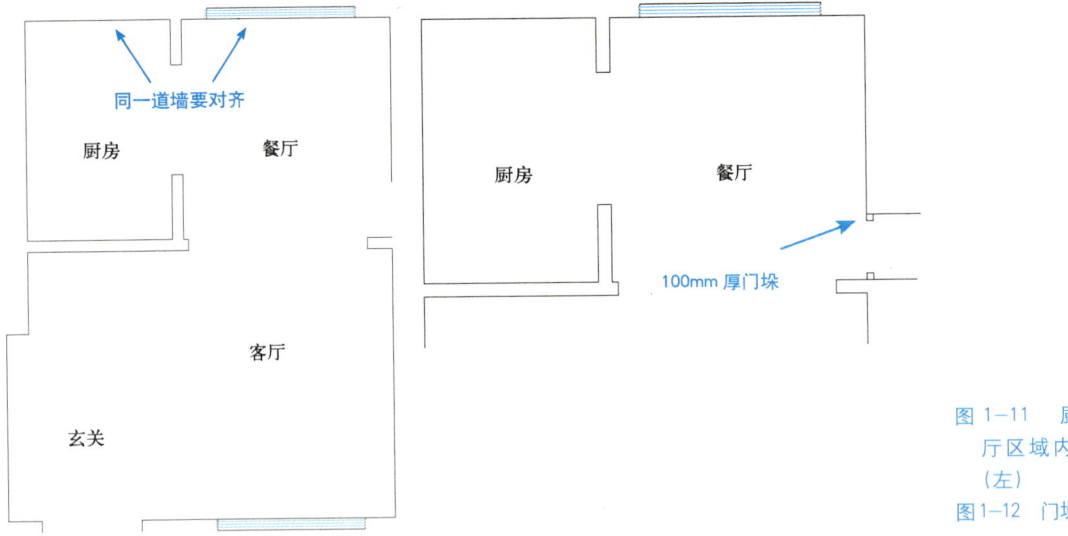

图1-11 厨房和餐厅区域内墙线绘制（左）

图1-12 门垛绘制（右）

(9) 绘制卧室、衣帽间、卫生间的内墙

按照量房图尺寸和位置要求，参考之前的步骤完成卧室、衣帽间、卫生间的内墙绘制，绘制完成如图1-13所示。

(10) 绘制外墙线

接下来绘制外墙线，启动〖偏移〗命令（快捷键O），按空格键执行命令，在命令行"指定偏移距离或[通过(T)/擦除(E)/图层(L)]:"提示下，输入200，按Enter键确认；在命令行"选择要偏移对象或[放弃(U)/退出(E)]:"提示下，依次选择内墙线向外偏移200，同一道墙偏移出一条线即可，按空格键结束命令。绘制完成后如图1-14所示。

(11) 外墙线连接

启动〖圆角〗命令（快捷键F），按空格键执行命令，在命令行"选取第一个对象或[多段线(P)/半径(R)/修剪(T)/多个(M)/放弃(U)]:"提示下，输入M，在图中依次选择外墙线使之相连，绘制完成后按Esc键退出命令，如图1-15所示。

二维码1-2 原始平面图——手绘量房图2绘制视频

图1-13 卧室、衣帽间、卫生间的内墙线绘制（左）

图1-14 外墙线绘制（右）

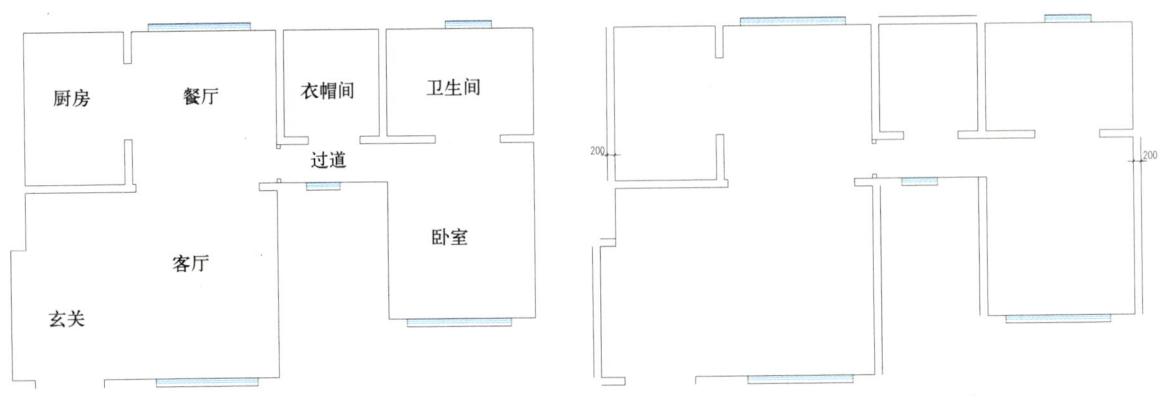

3. 绘制轴线网

（1）启动〖绘制轴网〗命令（快捷键HZZW），打开"绘制轴网"对话框。依次选择"上开"输入间距400、2800、4000、2700、4000，选择"下开"输入间距400、2800、4000、2700、4000，选择"左进"输入间距1500、2100、1500、1200、3000，选择"右进"输入间距1500、2100、1500、1200、3000，如图1—16所示，点击"确定"完成轴网设置。

（2）在命令行"点取位置或[转90度（A）/左右翻（S）/上下翻（D）/对齐（F）/旋转（R）/基点（T）]：<退出>"提示下，在绘图窗口点击生成轴网，如图1—17所示。

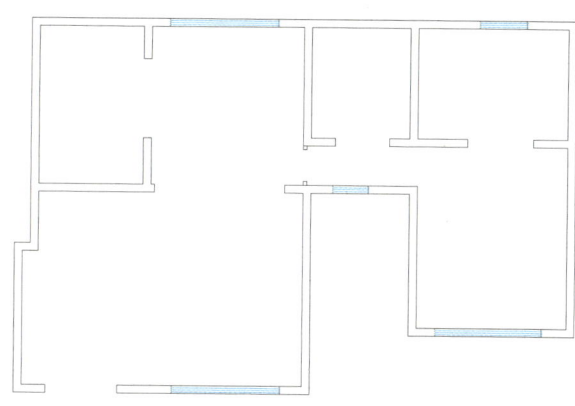

图1—15 外墙线连接

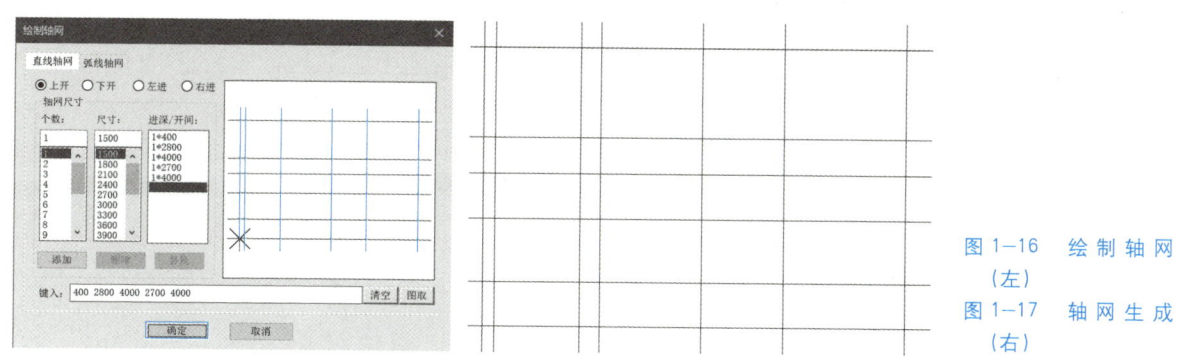

图1—16 绘制轴网（左）

图1—17 轴网生成（右）

（3）启动〖图层特性管理器〗命令（快捷键LA），按空格键执行命令，打开"图层特性管理器"对话框，点击"公－轴网"图层"连续"线型，打开"线型管理器"对话框，点击"加载（L）..."按钮，线型如图1—18所示，打开"添加线型"对话框，选择"Center"线型，如图1—19所示，返回到"图层特性管理器"对话框，选中"Center"线型，调整全局比例因子为30，点击"确定"完成轴网线型的设置。

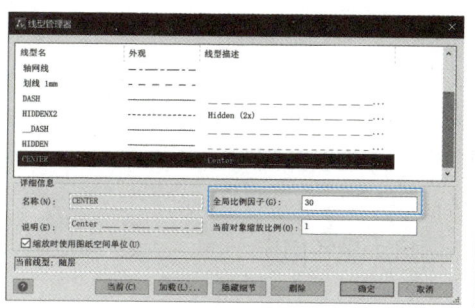
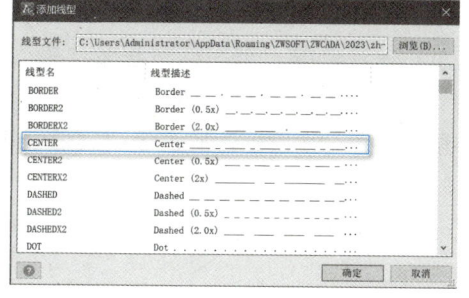

图1—18 "线型管理器"对话框（左）

图1—19 "添加线型"对话框（右）

（4）启动〖轴网标注〗命令（快捷键 ZWBZ），按空格键执行命令，轴网标注选项卡选择双侧标注，如图 1-20 所示，在命令行"请选择起始轴线＜退出＞："提示下，点击横向第一根轴线，点击横向最后一根轴线，点击纵向第一根轴线，点击纵向最后一根轴线，绘制结果如图 1-21 所示。

图 1-20　设置双侧标注

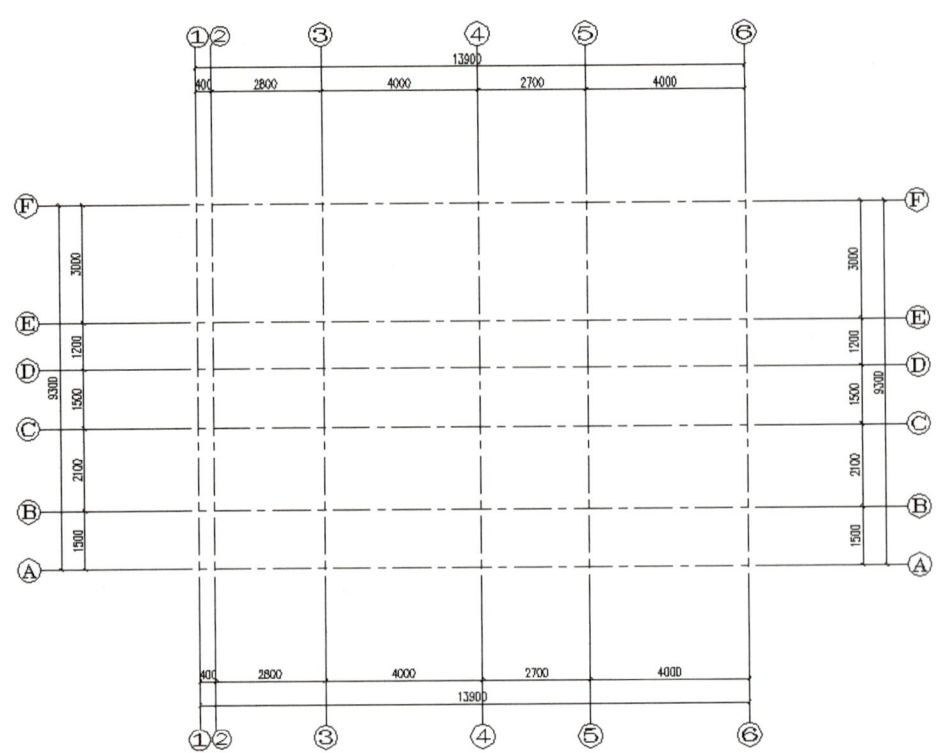

图 1-21　轴网标注

（5）点击轴号，向右拖动轴号"2"夹点，调整轴号"2"位置，如图 1-22 所示。

（6）启动〖逐点标注〗命令（快捷键 ZDBZ），按空格键执行命令，在命令行"起点 [切换样式（Q）]＜退出＞："提示下，选择轴线端点"1"；在命令行"第二点 [切换样式（Q）]＜退出＞："提示下，依次输入 400 按空格键确认，并确定 400 标注位置，用同样方法依次输入 2800、550、2700、750、2700、1650、1200、1150 绘制上开间门窗标注。重复执行〖逐点标注〗命令（快捷键 ZDBZ）完成下开间门窗标注绘制，如图 1-23 所示。

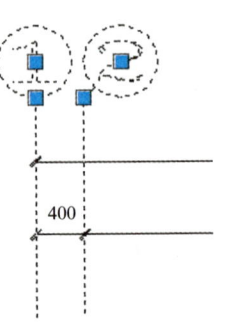

图 1-22　编辑轴号

（7）复制图 1-15，将绘制好的墙线和轴网对齐，注意轴网位于墙体的中心线位置，如图 1-24 所示。

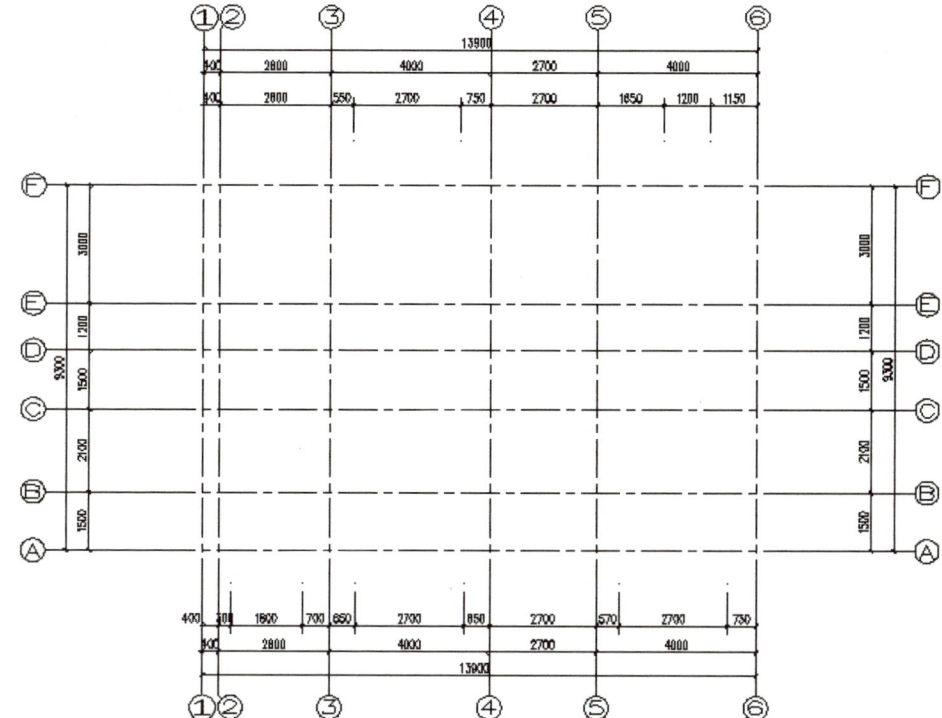

图 1—23 轴网标注

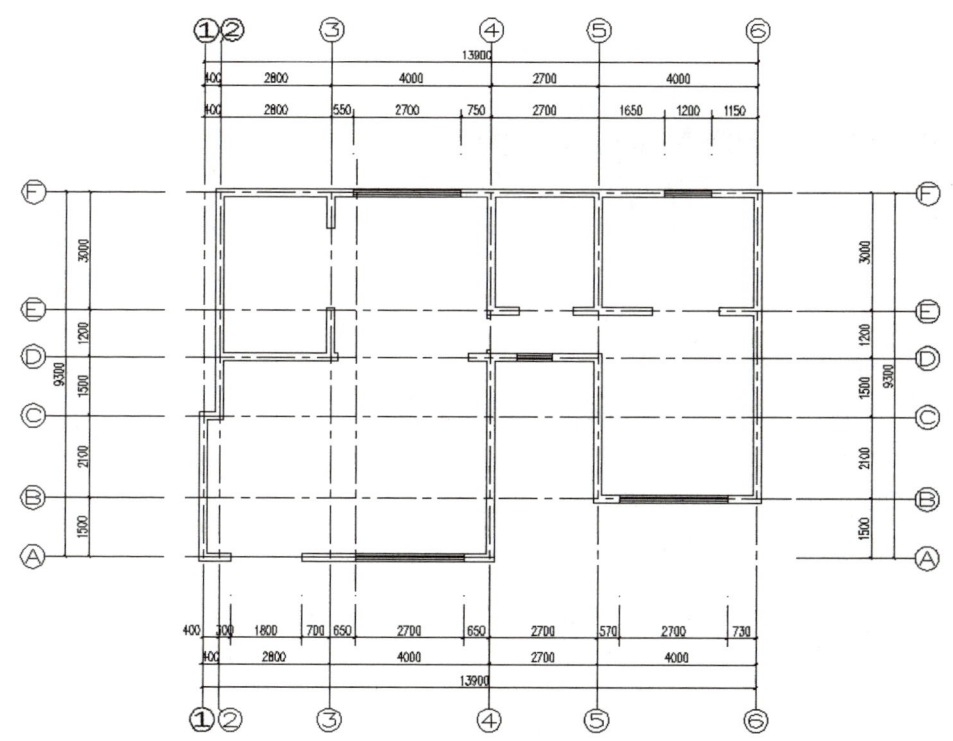

图 1—24 轴网及墙体布置

4. 绘制柱子

启动〖矩形〗命令（快捷键REC），按空格键执行命令，在命令行"指定第一个角点或[倒角（C）/标高（E）/圆角（F）/正方形（S）/厚度（T）/宽度（W）]："提示下，捕捉"1"轴与"F"轴处墙线角点；在命令行"指定其他角点或[面积（A）/尺寸（D）/旋转（R）]："提示下，输入@450，-200，按空格键结束命令，用同样方法绘制另一个矩形，如图1-25（a）所示。

启动〖修剪〗命令（快捷键TR），双击空格键，在命令行"选择要修剪的实体，或按住Shift键选择要延伸的实体，或[边缘模式（E）/围栏（F）/窗交（C）/投影（P）/删除（R）/放弃（U）]："提示下，修剪矩形，修剪后如图1-25（b）所示。

启动〖填充〗命令（快捷键H），打开"填充"对话框，填充图案选"AR-CONC"，比例文本框输入30，点击"添加：拾取点（K）"进行填充，填充完成后如图1-25（c）所示。"填充"对话框的设置如图1-26所示。

二维码1-3 原始平面图轴网标注绘制视频

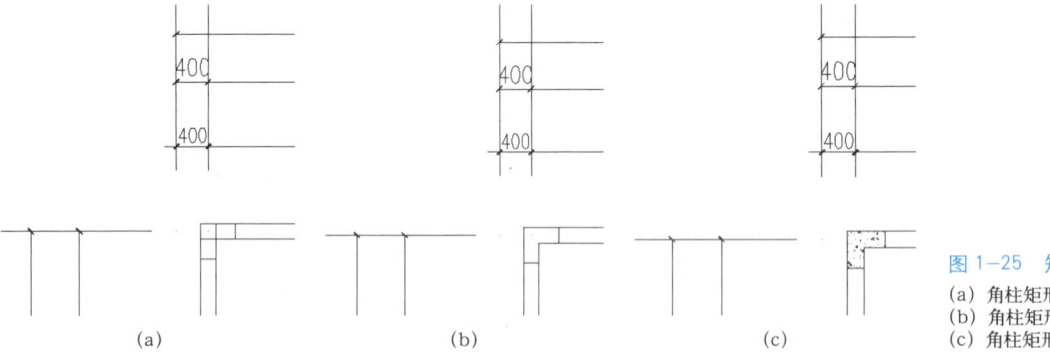

图1-25 矩形框绘制
(a) 角柱矩形框；
(b) 角柱矩形框编辑；
(c) 角柱矩形框填充

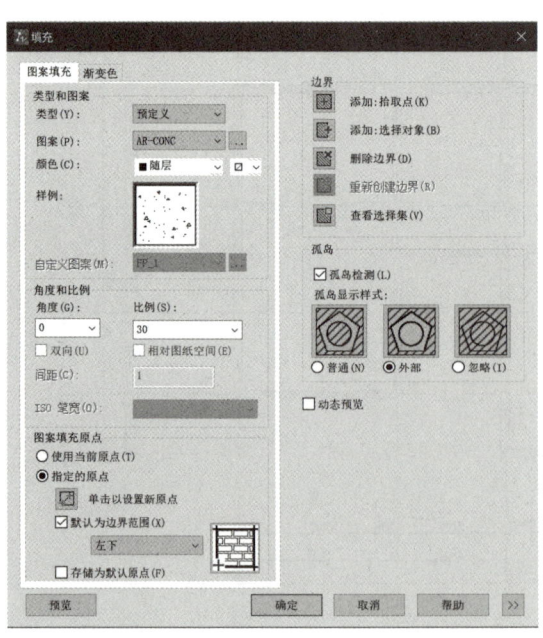

图1-26 "填充"对话框

应用〖复制〗命令（快捷键CO）、〖镜像〗命令（快捷键MI）完成其他矩形角柱的绘制。将轴网和墙线中心对齐，角柱绘制完成后如图1-27所示。

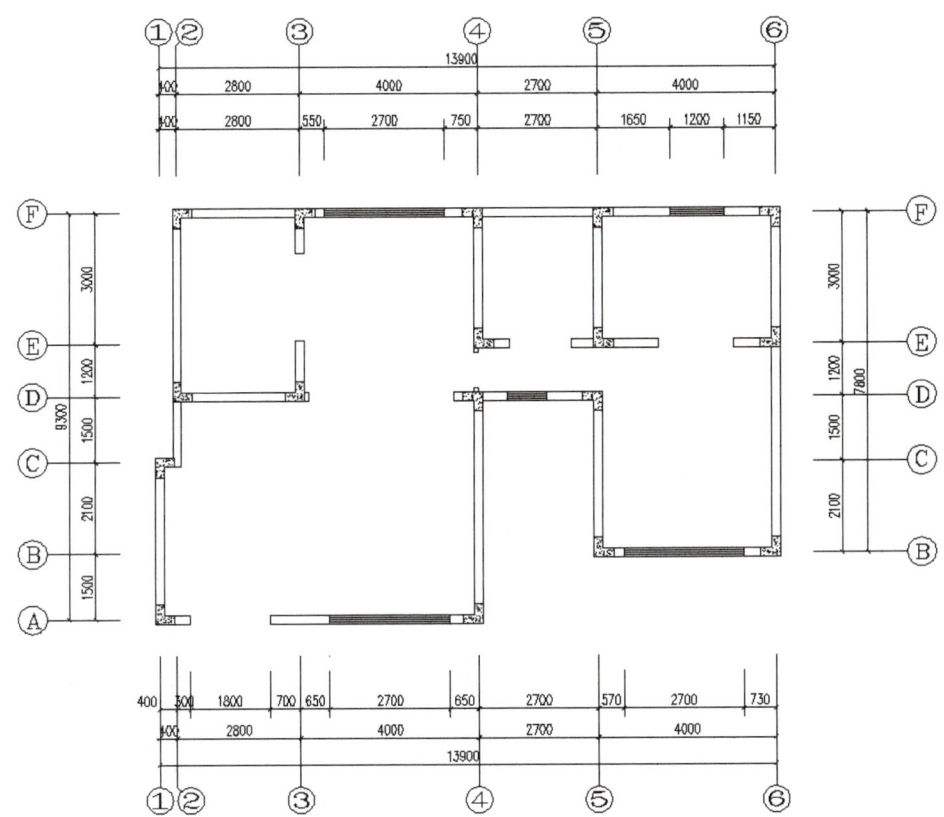

图1-27　角柱绘制

5. 文字注释及标高注释

启动〖单行文字〗命令（快捷键DHWZ），按空格键执行命令，打开"单行文字"对话框，如图1-28所示，文字样式文本框选"HZ"，字高文本框选"3.5"，在命令行"请给出单行文字位置＜退出＞："提示下，输入"厨房"并选择厨房绘图区域进行标注。

启动〖标高标注〗命令（快捷键BGBZ），按空格键执行命令，打开"建筑标高"对话框，如图1-29所示，对厨房进行标高标注，复制标高标注至其他空间区域并双击修改，绘制完成后如图1-30所示。

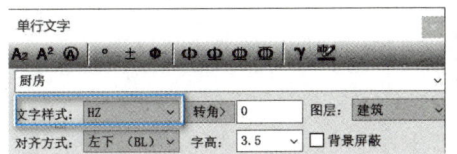
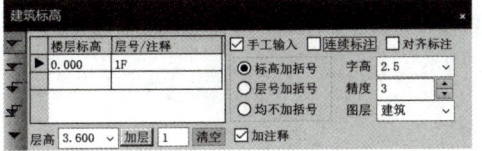

图1-28　"单行文字"对话框（左）

图1-29　"建筑标高"对话框（右）

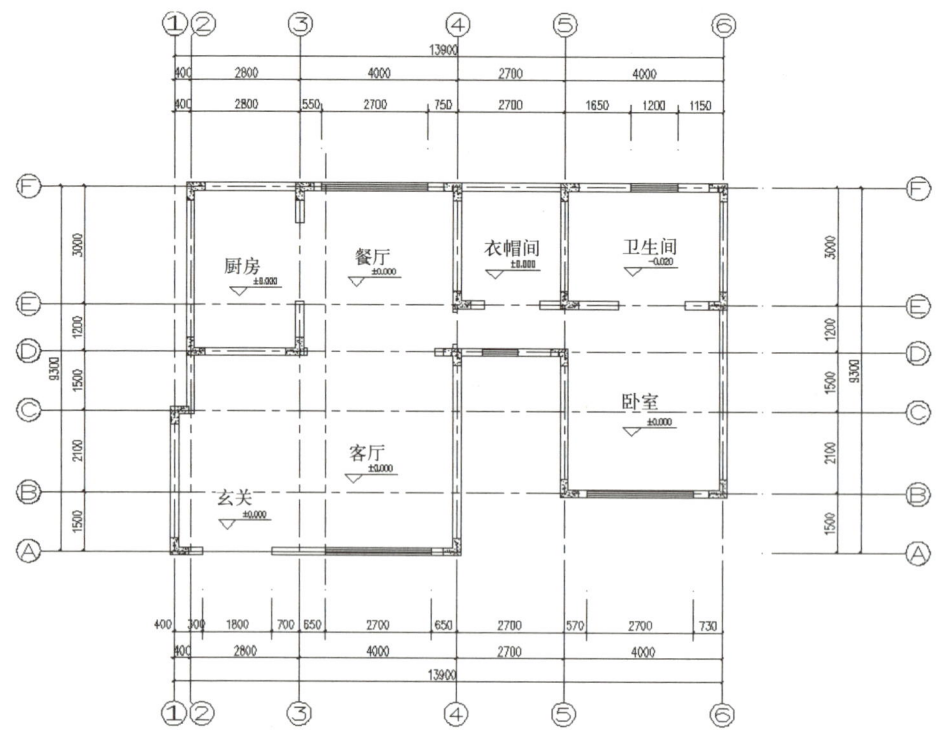

图 1-30 原始平面图完成图

二维码 1-4 原始平面图标高及文字注释绘制视频

二维码 1-5 房型图片资源

1.4.2 根据房型图片绘制原始平面图

1. 建筑 CAD 中导入房型图片

（1）执行菜单栏中的〖插入〗|〖光栅图像〗命令，如图 1-31 所示。选择房型图片，打开"附着图像"对话框，如图 1-32 所示，点击"确定"完成房型图片的导入。

（2）在绘图区域点击任意一点完成插入图片，如图 1-33 所示。

2. 基准线绘制及缩放

（1）绘制缩放基准线，为了清晰可以将颜色改为蓝色，如图 1-34 所示，为缩放参照作准备。

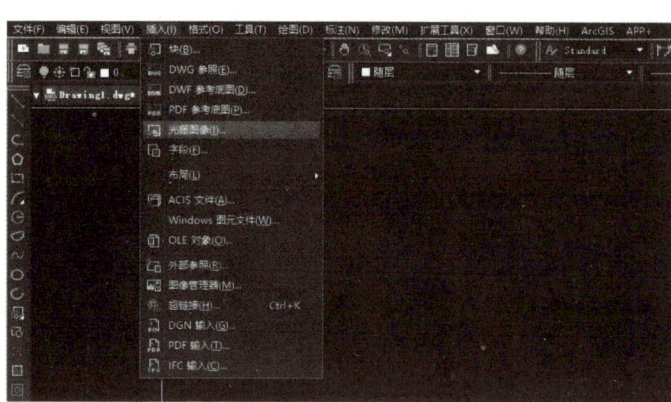

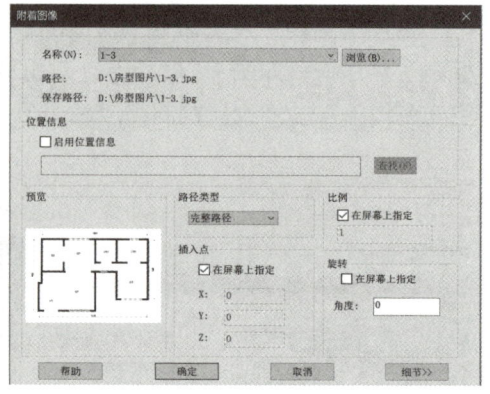

图 1-31 插入光栅图像（左）

图 1-32 "附着图像"对话框（右）

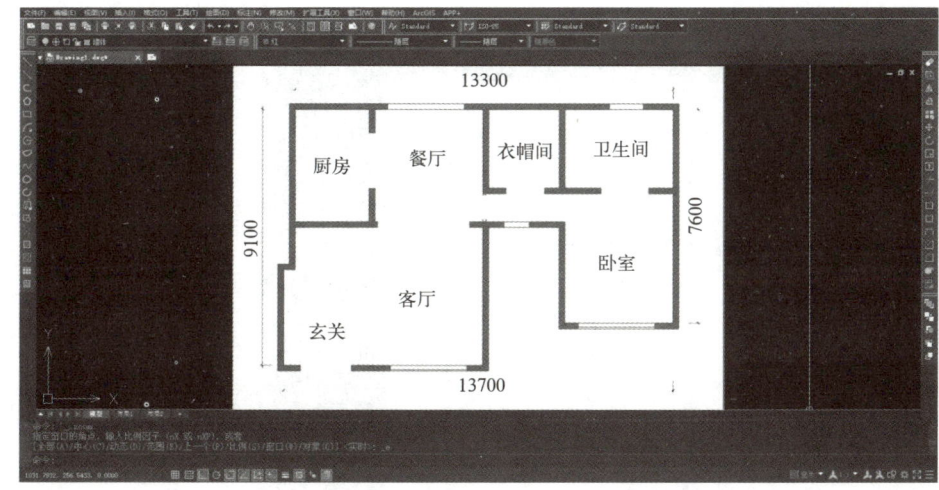

图 1-33 绘图区域插入图片

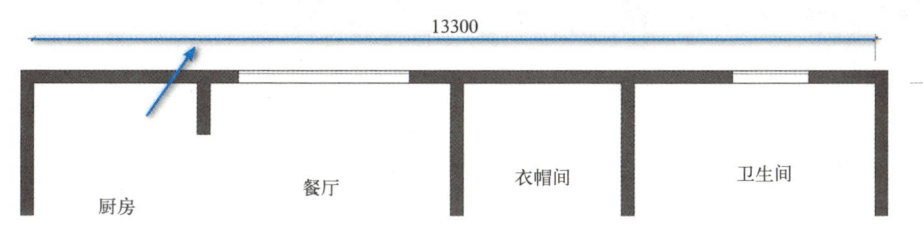

图 1-34 墙线缩放基准线绘制

(2) 启动〖缩放〗命令（快捷键 SC），按空格键执行命令，在命令行"选择对象："提示下，将蓝线和图片选中并按 Enter 键；在命令行"指定基点："提示下，指定蓝线左端为缩放基点；在命令行"指定缩放比例或 [复制（C）／参照（R）]<1.000>："提示下，输入参照命令 R；在命令行"指定参照长度："提示下，选择蓝线的两个端点；在命令行"指定新长度或点（P）<1.000>："提示下，输入 13300，缩放后如图 1-35 所示。缩放完成后可应用〖测量〗命令（快捷键 DI）量测其他已知数据，验证缩放是否成功。

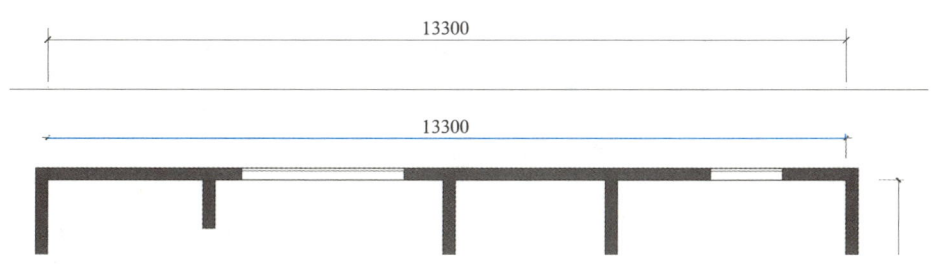

图 1-35 墙线缩放

3. 绘制墙体构造线

（1）选择一个角落作为基点，应用〖构造线〗命令（快捷键 XL）绘制水平和垂直的两条线，如图 1-36 所示。

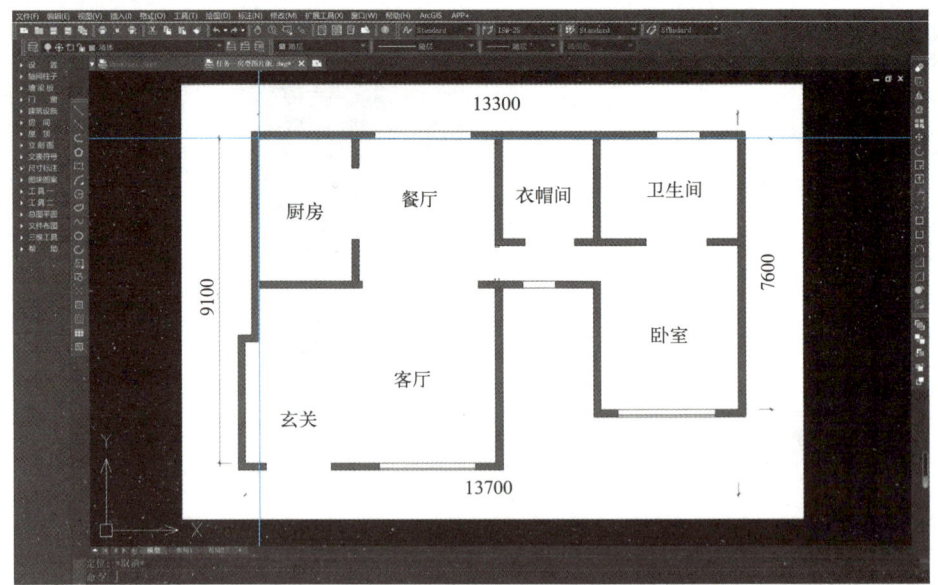

图 1-36 墙体构造线绘制

（2）应用〖偏移〗命令（快捷键 O），将构造线分别向外偏移 200mm，完成墙厚的绘制，如图 1-37 所示。

（3）应用〖复制〗命令（快捷键 CO），选择垂直的两条构造线，向右与厨房门的墙体线重合，十字光标右下方显示数据的整数位是 2803，因为个位要以 0 或 5 结尾，输入 2800 或者 2805，在 5mm 误差范围内取整，是能接受的误差范围，如果需要精确数据，就要现场实际测量，绘制完成如图 1-38 所示。

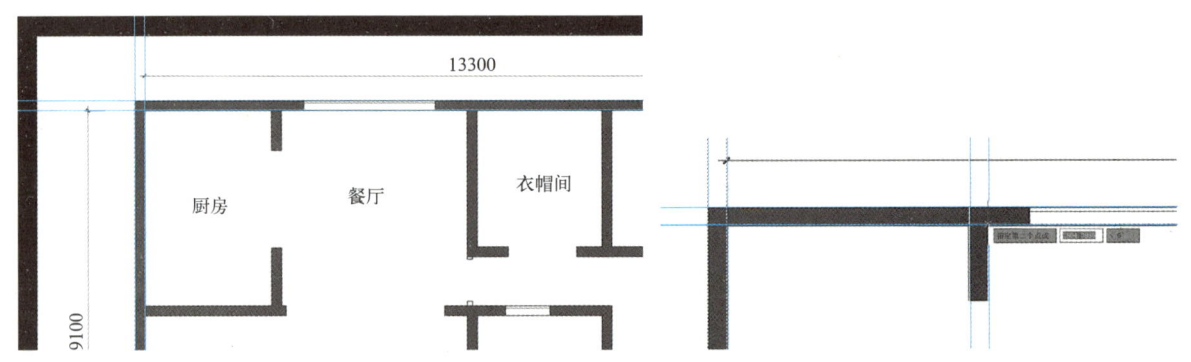

（4）用同样的方法将所有垂直的墙体复制出来，如图 1-39 所示。

（5）将所有水平的墙体复制出来，如图 1-40 所示。

（6）应用〖修剪〗命令（快捷键 TR）或者〖圆角〗命令（快捷键 F），将多余的构造线修剪掉，如图 1-41 所示。

图 1-37 墙体构造线偏移（左）

图 1-38 复制墙体构造线（右）

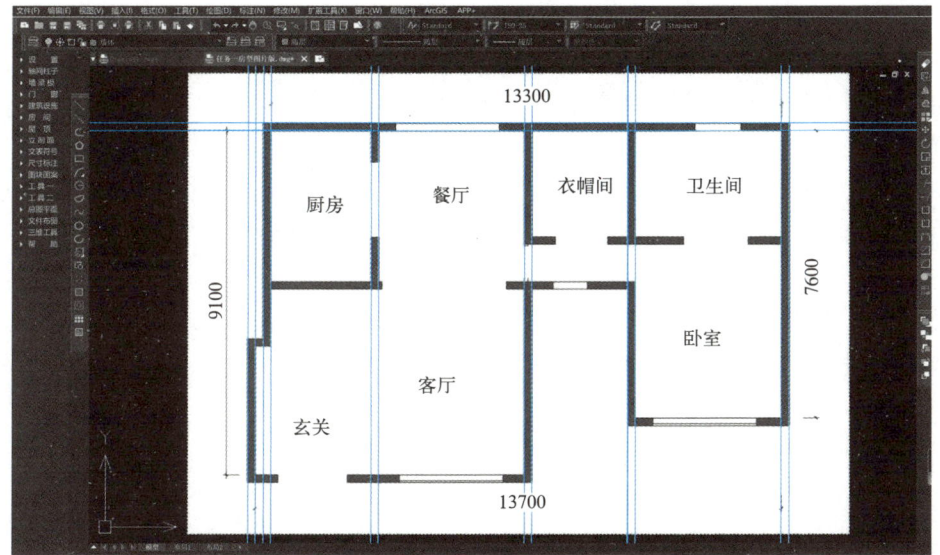

图 1—39 垂直墙体构造线绘制

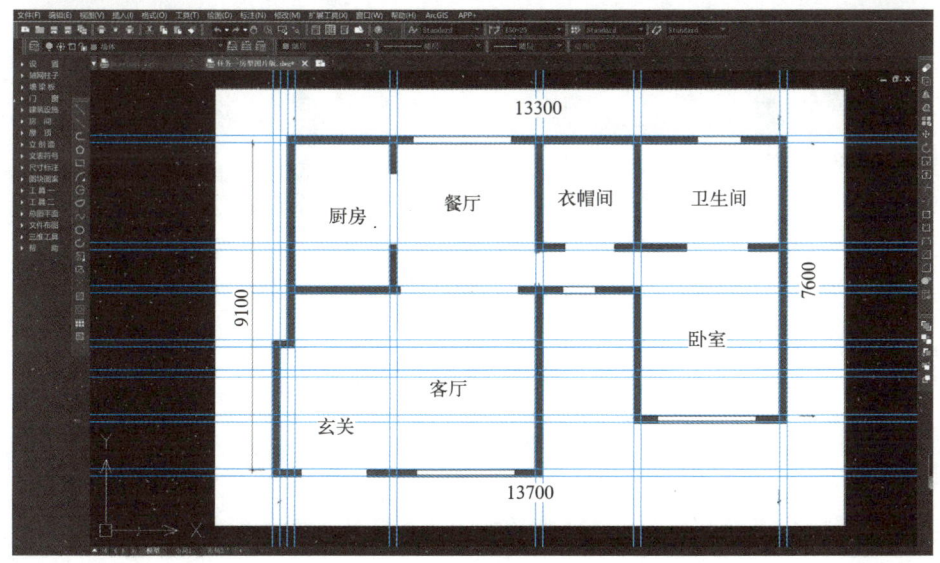

图 1—40 水平墙体构造线绘制

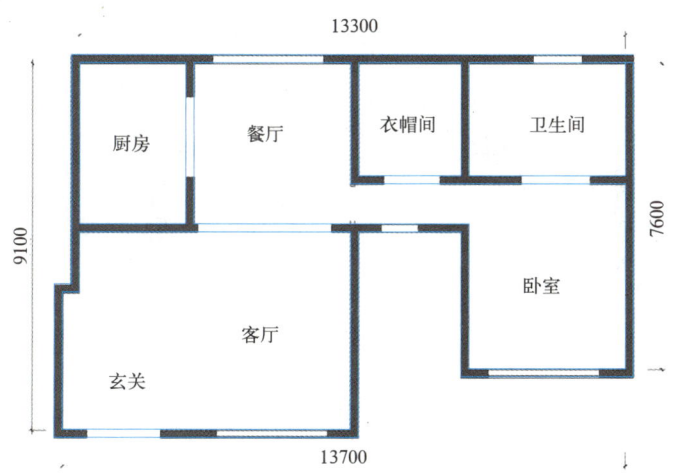

图 1—41 墙体构造线修剪

任务一 原始平面图

4. 绘制厨房门

厨房门绘制参考之前的读数方法，应用〖复制〗命令（快捷键CO）复制内墙线与厨房门重合，应用〖延长〗命令（快捷键EX）和〖修剪〗命令（快捷键TR）删掉多余的辅助线，如图1-42所示。

5. 绘制餐厅窗户

采用同样的方法复制墙线，把窗户的结构线画出来。应用〖直线〗命令（快捷键L）绘制窗户边线，启动〖定数等分〗（快捷键DIV）命令，在命令行"选取边割对象："提示下，选择窗户的边线，在命令行"输入分段数或[块(B)]:"提示下，输入4，将窗户均分4份，如图1-43所示。

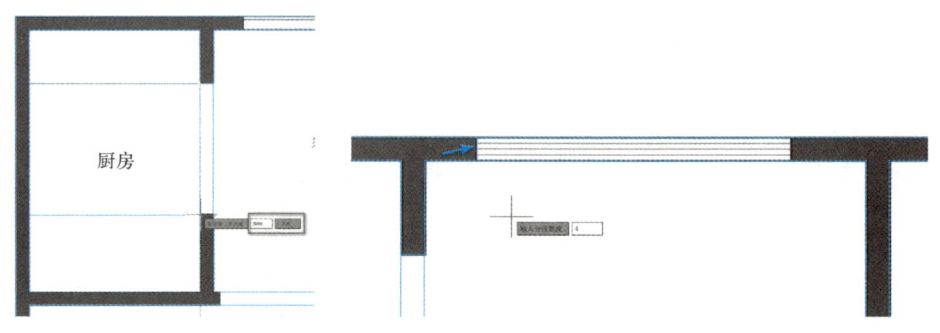

图1-42 厨房门绘制（左）

图1-43 窗户边线定数等分（右）

复制内墙线捕捉等分点，绘制出窗户的3条线，如图1-44所示。

注意：将节点的捕捉打开。

应用〖修剪〗命令（快捷键TR）将多余的线修剪掉，将3条线放入窗户图层中，如图1-45所示。

图1-44 窗户内直线绘制（左）

图1-45 转换成窗户图层（右）

依照门洞和窗户的画法将其他完成。并将墙体图层选择颜色随层，如图1-46所示。

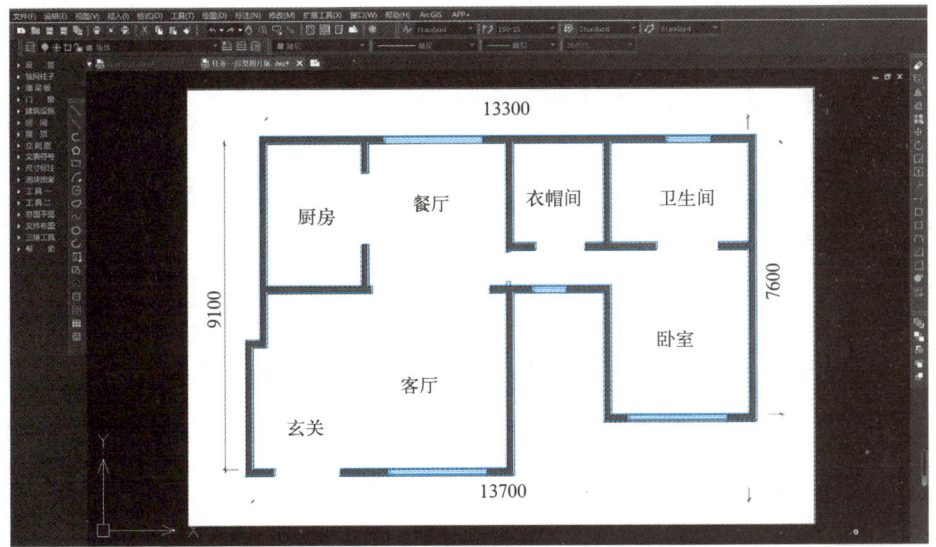

图 1-46 原始平面图墙体门窗完成图

二维码 1-6 原始平面图房型图片法绘制视频

6. 绘制完成所有图形

将图片删除,参考 1.4.1 根据手绘量房图绘制原始平面图完成轴网、柱子和标注的绘制。

1.5 任务评价

任务自评 (20%)	绘制原始平面图任务明确	□很好	□较好	□一般	□还需努力
	原始平面图绘制完整	□很好	□较好	□一般	□还需努力
	原始平面图规范正确	□很好	□较好	□一般	□还需努力
小组互评 (40%)	原始平面图绘制整体效果	□优	□良	□中	□差
教师评价 (40%)	原始平面图绘制质量	□优	□良	□中	□差

1.6 任务小结

1.6.1 通过本次任务熟练掌握以下图形的绘制方法

1. 根据手绘量房图绘制原始平面图。
2. 根据房型图片绘制原始平面图。

1.6.2 知识及能力测试题

1. 单项选择题

(1) 下面表示对象捕捉、正交模式的按键为( )。

A.F1、F3   B.F3、F8   C.F8、F9   D.F9、F12

(2)绘制窗户时,定数等分的快捷键为(　　)。
A.ME　　　　　　B.DLI　　　　　　C.DCO　　　　　　D.DIV
(3)描图法绘制的过程中读数1222,此时输入数据正确的是(　　)。
A.1200　　　　　　B.1220　　　　　　C.1222　　　　　　D.1250
(4)外墙尺寸标注描述错误的是(　　)。
A.第一道是房间墙面及窗户的小尺寸
B.第二道是房间隔墙的大尺寸
C.第三道是该方向的总尺寸
D.外墙尺寸标注和墙体可以是同一个图层
(5)原始平面图不需要出现在图中的是(　　)。
A.轴线、轴号　　B.地面标高　　C.顶板标高　　D.房间名称和面积

2．实操题

完成原始平面图的绘制。

二维码1-7　任务一原始平面图课件资源

二维码1-8　习题参考答案

建筑装饰施工一体化技能实训

2

任务二　平面布置图

  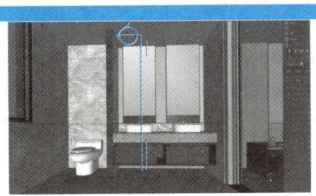 

2.1 教学目标

1. 知识目标
(1) 熟悉平面布置图形成与表达方法；
(2) 掌握平面布置图的组成内容；
(3) 掌握平面布置图绘制步骤和方法。

2. 能力目标
(1) 会使用建筑 CAD 绘制平面布置图；
(2) 能够进行平面布置图的识读；
(3) 能按规范要求进行图纸审核。

3. 思政元素
(1) 了解拥有自主知识产权对科技强国的重要性；
(2) 培养多方向、多角度认识和分析问题的能力；
(3) 培养推陈出新、追求突破的创新精神；
(4) 培养严谨、精益求精的敬业态度。

2.2 任务与分析

1. 任务目的
(1) 通过已知项目材料在原始平面图基础上绘制出平面布置图；
(2) 熟练掌握绘制过程中使用的工具和绘图方法。

2. 任务分析

已知材料包括方案效果图、三维模型（见二维码 2-1 三维模型资源）及有关附件、原始平面图等。平面布置图需构造合理，表达清晰，符合规范要求。

二维码 2-1　三维模型资源

一般会在绘制好的原始平面图上，绘制平面布置图，其绘制工作流程如下：
(1) 绘制轴线网；
(2) 绘制墙体（柱）、门窗、楼梯等构（配）件；
(3) 布置室内家具、设备、陈设、织物、绿化等摆放位置；
(4) 标注建筑结构的尺寸、装饰布局和装饰结构的尺寸、家具及设备的尺寸等，标注标高，绘制剖切符号和内视符号；
(5) 书写必要的文字说明，书写图名和比例。

2.3 基础知识

平面布置图需体现人体工程学的特征，并符合制图规范标准。立面图、剖面图、大样图等图面信息均以平面图为基础延伸发展而成；同时可将不同种类图面表达形式与平面图结合，于各施工图绘制阶段展示绘制要点和思路。

(1) 了解和掌握平面布置图制图规范;
(2) 熟悉平面布置图的内容组成;
(3) 掌握人体工程学常规尺寸。

1. 平面布置图的形成与表达

平面布置图是假想用一个水平的剖切平面,将建筑物从通过门、窗洞的位置切开,移去上面部分,所得到的水平正投影图,用以表明室内总体布局以及各装饰件、装饰面的平面形式、大小、位置情况及其与建筑构件之间的关系等。若地面装修较为简单,可在平面布置图中一并表达,不必另行绘制。平面布置图与建筑平面图一样,实际上是一种水平剖面图,但习惯上称为平面布置图,其常用比例为 1∶50、1∶75、1∶100 和 1∶150。

比例宜注写在图名的右侧或右侧下方,字的基准线应取平。比例的字高宜比图名的字高小一号或两号,如图 2-1 所示。

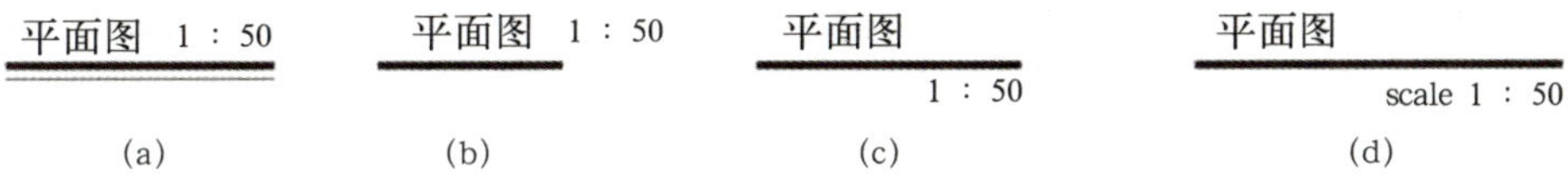

平面图 1∶50　　平面图 1∶50　　平面图　　　　　平面图
　　　　　　　　　　　　　　　　　　1∶50　　　　　scale 1∶50
　(a)　　　　　　(b)　　　　　　(c)　　　　　　　(d)

图 2-1　比例注写

绘图采用的比例应根据图样内容及复杂程度选取。常用及可用比例应符合表 2-1 的规定。

常用及可用的图纸比例　　　　　　表 2-1

常用比例	1∶1、1∶2、1∶5、1∶10、1∶20、1∶25、1∶50、1∶75、1∶100、1∶150、1∶200、1∶250
可用比例	1∶3、1∶4、1∶6、1∶8、1∶15、1∶30、1∶35、1∶40、1∶60、1∶70、1∶80、1∶120、1∶300、1∶400、1∶500

根据建筑室内装饰装修设计的不同部位、不同阶段的图纸内容和要求,绘制的比例宜在表 2-2 中选用。

各部位常用图纸比例表　　　　　　表 2-2

比例	部位	图纸内容
1∶200 ~ 1∶100	总平面、总顶面	总平面布置图、总顶棚平面布置图
1∶100 ~ 1∶50	局部平面、局部顶棚平面	局部平面布置图、局部顶棚平面布置图
1∶100 ~ 1∶50	不复杂的立面	立面图、剖面图
1∶50 ~ 1∶30	较复杂的立面	立面图、剖面图
1∶30 ~ 1∶10	复杂的立面	立面放样图、剖面图
1∶10 ~ 1∶1	平面及立面中需要详细表示的部位	详图
1∶10 ~ 1∶1	重点部位的构造	节点图

平面布置图中剖切到的墙、柱轮廓线等用粗实线表示；未剖切到但能看到的内容用细实线表示，家具、设施和装饰件用中实线表示，其他图线用细实线和细单点长划线绘制，可移动的家具、花卉、陈设品只需按比例绘制出简化投影轮廓及位置，不必标注尺寸。

2. 常用线型

建筑室内装饰装修设计图可采用的线型包括实线、虚线、单点长划线、折断线、波浪线、点线、样条曲线、云线等，各线型应符合表2-3的规定。

房屋建筑室内装饰装修制图常用线型　　　　　　表2-3

名称		线型	线宽	一般用途
实线	粗	———	b	1. 平、剖面图中被剖切的房屋建筑和装饰装修构造的主要轮廓线； 2. 房屋建筑室内装饰装修立面图的外轮廓线； 3. 房屋建筑室内装饰装修构造详图、节点图中被剖切部分的主要轮廓线； 4. 平、立、剖面图的剖切符号 （注：地平线线宽可用1.5b，图名线线宽可用2b）
	中粗	———	0.7b	1. 平、剖面图中被剖切的房屋建筑和装饰装修构造的次要轮廓线； 2. 房屋建筑室内装饰装修详图中的外轮廓线
	中	———	0.5b	1. 房屋建筑室内装饰装修构造详图中的一般廓线； 2. 小于0.7b的图形线、家具线、尺寸线、尺寸界线、索引符号、标高符号、引出线、地面墙面的高差分界线等
	细	———	0.25b	图形和图例的填充线
虚线	中粗	– – – –	0.7b	1. 表示被遮挡部分的轮廓线； 2. 表示平面中上部的投影轮廓线； 3. 拟建、扩建房屋建筑室内装饰装修部分轮廓线
	中	– – – –	0.5b	1. 表示平面中上部的投影轮廓线； 2. 预想放置的建筑或装修的构件
	细	– – – –	0.25b	表示内容与中虚线相同，适合小于0.5b的不可见轮廓线
单点长划线	中粗	– · – · –	0.7b	运动轨迹线
	细	– · – · –	0.25b	中心线、对称线、定位轴线
折断线	细	～～	0.25b	不需要画全的断开界线
波浪线	细	～～～	0.25b	1. 不需要画全的断开界线； 2. 构造层次的断开界线； 3. 曲线形构件断开界限
点线	细	······	0.25b	制图需要的辅助线
样条曲线	细	～	0.25b	1. 不需要画全的断开界线； 2. 制图需要的引出线
云线	中	☁	0.25b	1. 圈出需要绘制详图的图样范围； 2. 材料标注； 3. 标注需要强调、变更或改动的区域

图线的宽度 b，宜从下列线宽系列中选取：1.0mm、0.7mm、0.5mm、0.35mm。各图样可根据复杂程度与比例大小，先选定基本线宽 b，再选用表 2–4 中相应的线宽组。

3．线宽组

线宽组也可参照表 2–4 设置。

线宽组　　　　　　　　　　　　　　　　　　　　表2–4

线宽比	线宽组（mm）			
b	1.0	0.7	0.5	0.35
0.75b	0.75	0.53	0.38	0.26
0.5b	0.5	0.35	0.25	0.18
0.3b	0.3	0.21	0.15	0.11
0.25b	0.25	0.18	0.13	0.09
0.2b	0.2	0.14	0.1	0.07

注：同一张图纸内，各个不同线宽组中的细线，可统一采用较细的线宽组的细线。

4．常用房屋建筑室内装饰装修材料和设备图例

房屋建筑室内装饰装修材料和图例画法应符合现行国家标准《房屋建筑制图统一标准》GB/T 50001—2017 的规定和现行行业标准《房屋建筑室内装饰装修制图标准》JGJ/T 244—2011 等相关规定。在装修平面中，为简化构图并使图面清晰，常用图例来表示各常用设施及其构配件。但目前尚无统一标准，一般以象形、简洁为原则，常用房屋建筑室内装饰装修材料图例，见二维码 2–2，当采用该标准图例中未包括的建筑材料时，可自编图例但不得与该标准所列的图例重复，且在绘制时，应在适当位置画出该材料图例，并应加以说明。

二维码 2–2　常用房屋建筑室内装饰装修材料图例资源

5．平面布置图的内容及读图

平面布置图是整套建筑装饰施工图的基础，包括机电以及其他配合专业的图纸都是在平面布置图的基础上开展的。因此，平面布置图所包含的信息量最大，造型关系、对设计的理解都会反映在平面布置图上。主要包含以下内容：

（1）标注图名与比例。装修平面图的名称往往是直接按房间的功能、用途等命名的。

（2）原建筑图中的柱网、墙、建筑设备、设施等。

（3）表明建筑结构与构造的平面形状及基本尺寸。建筑物在装修平面图中的平面尺寸常分为三个层次。最外一道是外包尺寸，标明建筑物的总长、总宽；第二道是轴间尺寸；第三道是表示门窗、墙垛、柱等的结构尺寸。

（4）表明建筑装修布局的平面形式和位置。

1）表明固定的装饰造型、隔断、构件、家具、卫生洁具、照明灯具、花台、水池、陈设以及固定装饰配置和饰品名称、位置及需要的平面定形尺寸、定位尺寸。必要时将尺寸标注在平面内，标注门编号及开启方向，表示固定家具橱柜门的开启方向。

2）家具、设备、花卉和陈设品的摆放位置及轮廓形状。阅读本例中的平面图例和文字说明后，室内布局就十分清晰。

3）表达楼地面地坪高差关系，标注标高。

4）表明各剖面图的剖切位置、详图和通用配件等的位置和编号。

5）对材料、工艺必要的文字说明。

2.4 任务实施

1. 绘图环境设置

（1）平面布置图新建图层设置要求可参考表2-5。

图层设置表　　　　　　　　　　　　　　表2-5

图层名称	颜色	线型	线宽
公－轴号－文字	白	连续	默认
公－轴网	红	CENTER2	默认
公－轴网－标注	绿	连续	默认
建－标高标注	绿	连续	默认
建－尺寸	绿	连续	默认
建－文字	白	连续	默认
墙体	255	连续	默认
墙体填充	8	连续	默认
墙面完成面	55	连续	默认
建－门窗	青	连续	默认
门套	13	连续	默认
活动家具	40	连续	默认

注：①新建的图形中一定会有一个名称为"0"的图层，尽量不要在这个图层上绘图，一般在定义图块时我们在这个图层上进行。

②在绘制过程中一般在标注尺寸时，建筑CAD会自动生成一个名为"Defpoints"的图层，这个图层中的内容能显示出来但是不会被打印出来，可以利用这个图层绘制辅助线。

③用户可自行创建图层，建筑CAD在绘制时会自带图层。

（2）文字样式设置

1）汉字：样式名为"汉字"，字体名为"仿宋"，宽度因子为0.7。

2）非汉字：样式名为"非汉字"，字体名为"simplex.shx"，宽度因子为0.7。

3）尺寸标注样式设置：尺寸标注样式名为"标注 75"。文字样式选用"非汉字"，箭头大小为1.2mm，文字高度为3mm，基线间距为10mm，尺寸界线偏移尺寸线2mm，尺寸界线偏移原点5mm，使用全局比例为75。主单位单位格式为"小数"，精度为"0"。

（3）比例设定

绘图比例1∶1，出图比例1∶75。

绘制要求如下，其余未明确部分按现行制图标准绘制。

2．实操实施步骤

平面布置图可以按照以下步骤绘制：

（1）平面布置图底图

应用〖复制〗命令（快捷键CO）复制原始平面图，双击图框右下方标题栏中"原始平面图"修改为"平面布置图"，如图2-2所示。

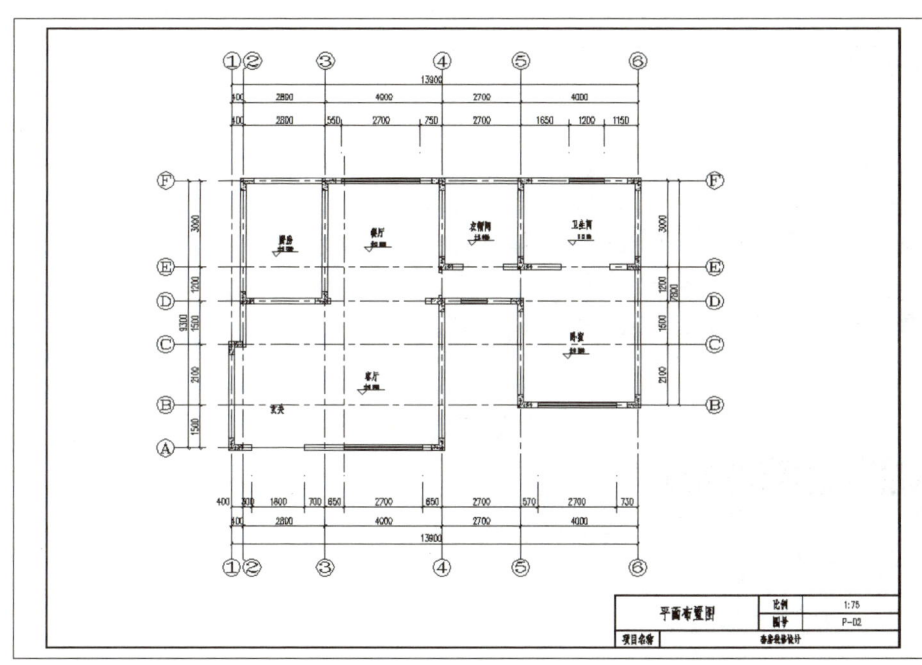

图2-2 平面布置图底图

（2）完成面尺寸绘制

在装饰施工图中，需显示分割功能分区的隔墙以及固定隔断，且隔墙的尺度是最终完成面的尺寸。装饰施工图建议选择标注装饰完成面的尺寸，因为这个尺寸才是设计师需要控制的装饰完成后的最终尺寸。标注墙体尺寸只是确定了墙体的定位，但是无法体现出装饰完成后的净尺寸，是不可控的。建筑施工图的尺寸定位因为不需要考虑装饰完成面，所以采用的是标注墙体尺寸。

装饰完成面由墙体以外的装饰材料、安装基层及必要的连接或者找平层共同组成。完成面尺寸宽室内设计中的一个标志性的尺寸界线，由于不同的装饰材料施工方法不同，完成面厚度也不一样。设计师在此阶段首先需要确定墙面的装饰材料类型，根据不同的材料与施工工艺推算出来完成面厚度，最终在平面布置图上表示。

装饰完成面的添加会让平面的尺寸及定位更加精准。装饰施工图深化设计时需考虑到完成面的基层做法，完成面的尺寸大小同时也会影响到空间的使用，甚至会影响到设计方案的实现。常见材料的完成面尺寸见表 2-6。完成面绘制资源见二维码 2-3。

二维码 2-3　完成面尺寸图资源

常见材料规格及完成面厚度（单位：mm）　　　　表2-6

材料类别	木饰面	石材饰面	金属饰面	硬包饰面	玻璃饰面	涂料、壁纸
材料厚度	12+0.6	20、30	1.5、1.2、1.0	9、12	6、8	0
安装方式	干挂、粘贴	干挂、粘贴	干挂、粘贴	钉、粘贴	粘贴	涂刷、粘贴
完成面厚度	50	50、≈200	30	50	30	0

注：装饰完成面的绘制根据具体的工程案例。

（3）绘制门窗

1）绘制厨房推拉门

应用〖删除〗命令（快捷键 E）删除厨房与餐厅处墙体。启动〖创建墙梁〗命令（快捷键 CJQL），按空格键执行命令，打开"墙体设置"对话框，如图 2-3 所示，设置左宽、右宽，设置高度，选择材料和类型，绘制厨房和餐厅隔墙，如图 2-4 所示。

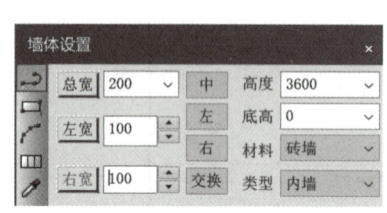 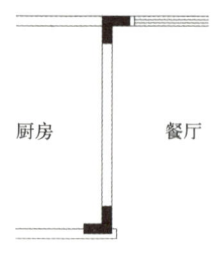

图 2-3　"墙体设置"对话框（左）

图 2-4　厨房和餐厅隔墙（右）

应用〖门窗〗命令（快捷键 MC），按空格键执行命令，打开"门窗参数"对话框，如图 2-5 所示，选择"▨"按钮设置门窗参数，输入门的宽度尺寸 1600，高度尺寸 2100，点击门图例打开"图库管理"对话框，如图 2-6 所示，选择双扇墙内推拉门，点击"▨"顺序插入按钮，选择厨房与餐厅处墙体，输入 850 进行门放置，并应用〖直线〗命令（快捷键 L），〖修剪〗命令（快捷键 TR）绘制好门套，如图 2-7 所示。

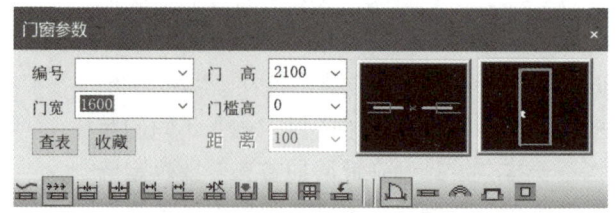

图 2-5　"门窗参数"对话框

2）继续执行〖门窗〗命令（快捷键 MC），改变图例为"单扇门"和"推拉门"完成其余门的插入。读者可根据图纸绘制深度要求完成门套绘制。

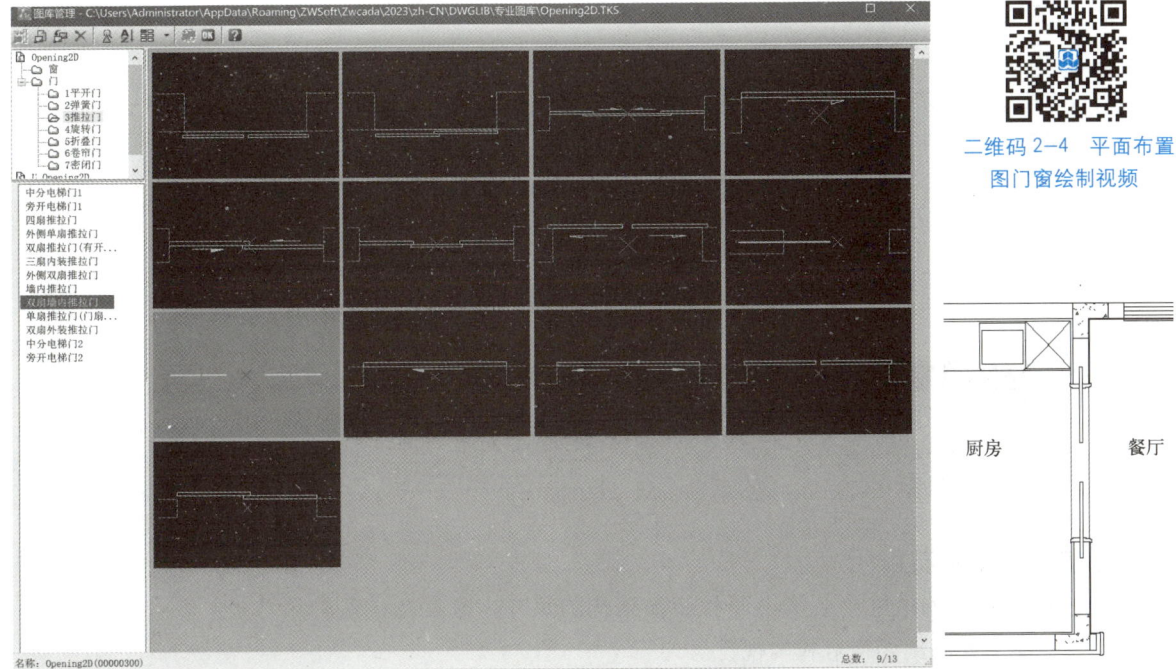

图 2-6 "图库管理"对话框（左）

图 2-7 厨房门插入（右）

（4）布置室内家具、设备、陈设、织物、绿化等摆放位置

1）启动〖图库管理〗命令（快捷键 TKGL），按空格键执行命令，打开"图库管理"对话框，选择通用图库中的室内家具，如图 2-8 所示，选择家具，结合〖旋转〗命令（快捷键 RO）、〖移动〗命令（快捷键 M）进行布置。

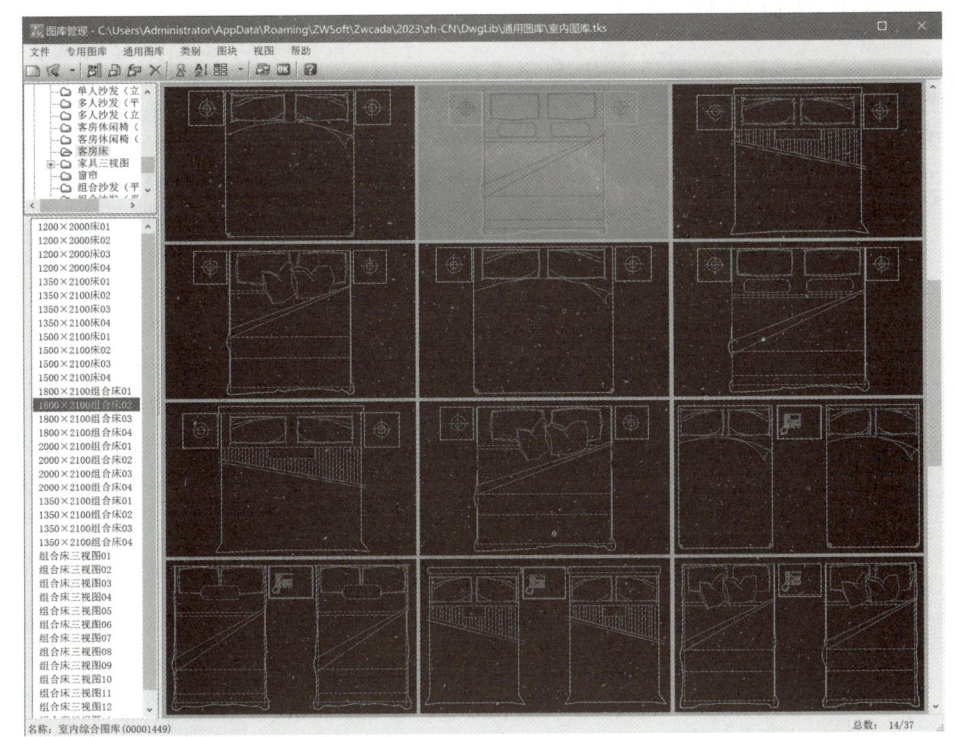

图 2-8 "图库管理"对话框

任务二 平面布置图　31

2）文字输入

启动〖单行文字〗命令（快捷键DHWZ），按空格键执行命令，打开"单行文字"对话框，如图2-9所示。对平面布置图厨房区域进行文字标注，如图2-10所示。应用同样方法完成其余各个空间区域的标注。

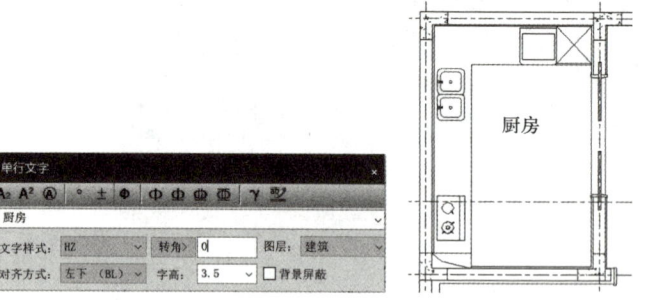

图2-9 "单行文字"对话框（左）

图2-10 厨房文字标注（右）

3. 尺寸和文字标注

标注建筑结构的尺寸、装饰布局和装饰结构的尺寸、家具及设备的尺寸等，标注标高，绘制剖切符号和内视符号。

（1）启动〖逐点标注〗命令（快捷键ZDBZ），按空格键执行命令，打开"逐点标注"对话框，如图2-11所示，对卫生间设施进行标注。重复执行〖逐点标注〗命令（快捷键ZDBZ），对其他空间也进行标注。

（2）启动〖标高标注〗命令（快捷键BGBZ），按空格键执行命令，打开"建筑标高"对话框，如图2-12所示，对餐厅、客厅和卧室进行标高标注。卧室的尺寸和标高标注完成后如图2-13所示。

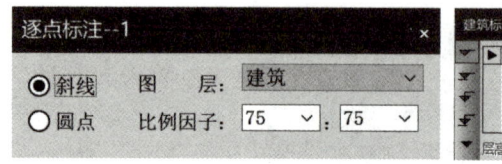 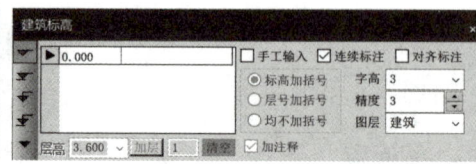

图2-11 "逐点标注"对话框（左）

图2-12 餐厅、客厅和卧室"建筑标高"对话框（右）

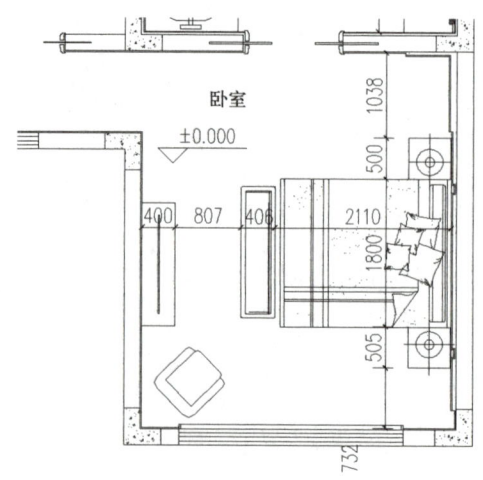

图2-13 卧室尺寸及标高标注

(3) 重复执行〖标高标注〗命令（快捷键 BGBZ），按空格键执行命令，打开"建筑标高"对话框，如图 2-14 所示，点击手工输入复选框，楼层标高数值输入 -0.02，标注卫生间的标高，卫生间建筑标高标注如图 2-15 所示。

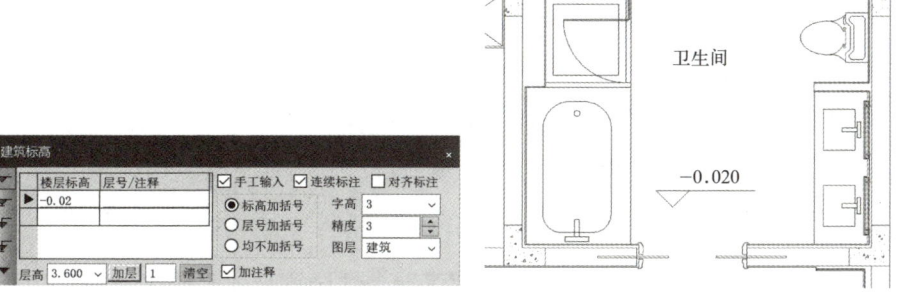

图 2-14 "建筑标高"
对话框（左）

图 2-15 卫生间建筑
标高（右）

(4) 启动〖引线标注〗命令（快捷键 YXBZ），按空格键执行命令，打开"引出标注文字"对话框，填写引线标注文字内容，如图 2-16 所示，选择图纸中需要标注的位置进行标注。选择引线，按"Ctrl+1"键，将引线颜色设置为"颜色 8"，如图 2-17 所示。复制引线并双击修改完成其他空间引线的标注。

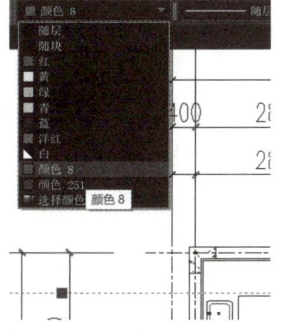

图 2-16 "引出标注文字"对话框（左）

图 2-17 修改引线颜色（右）

(5) 平面布置图绘制完成后如图 2-18 所示。

2.5 任务评价

任务自评 (20%)	平面布置图绘制完整	□ 很好	□ 较好	□ 一般	□ 还需努力
	内容表达清晰准确	□ 很好	□ 较好	□ 一般	□ 还需努力
	符合制图规范	□ 很好	□ 较好	□ 一般	□ 还需努力
小组互评 (40%)	平面布置图绘制整体效果	□ 优	□ 良	□ 中	□ 差
教师评价 (40%)	平面布置图绘制质量	□ 优	□ 良	□ 中	□ 差

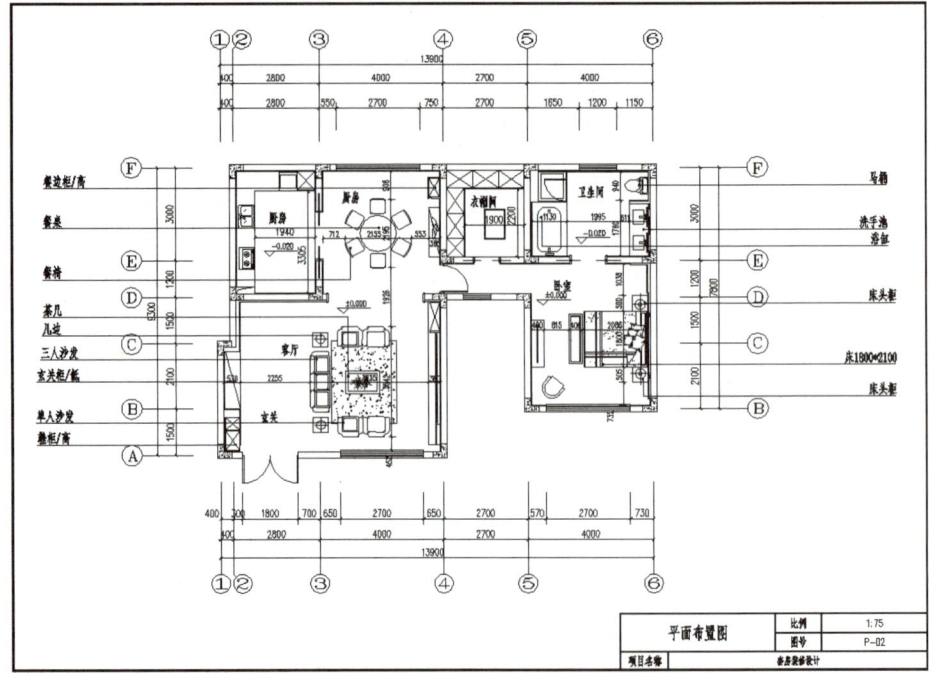

图 2-18 平面布置图

2.6 任务小结

2.6.1 通过本次任务熟练掌握以下图形的绘制方法

1. 在原始框架图的基础上进行平面布置图门窗的绘制。
2. 布置室内家具、设备、陈设、织物、绿化等摆放位置。
3. 平面布置图文字标注及尺寸标注。

2.6.2 知识及能力测试题

1. 单项选择题

（1）画在图纸上的线条统称为图线。图线又有粗、中粗、中、细之分，粗线条主要用作（　　）。

　　A. 不可见轮廓线

　　B. 平、剖面图中没有剖切到，但可看到部分的轮廓线

　　C. 定位轴线

　　D. 主要可见轮廓线

（2）图样中用于引出需要清楚绘制细部图形的符号，以方便绘图及图纸查找，提高制图效率的符号称为（　　）。

　　A. 索引符号　　　B. 内视符号　　　C. 剖切符号　　　D. 详图符号

（3）图纸的幅面是指图纸本身的大小规格。尺寸为 420mm×594mm 的幅面代号是（　　）。

　　A. A0　　　　　B. A1　　　　　C. A2　　　　　D. A3

(4) 不可见轮廓线用（　　）绘制。

A. 实线　　　　　B. 折断线　　　　C. 虚线　　　　　D. 单点长划线

(5) 建筑平面图中的定位轴线用（　　）。

A. 单点长划线　　B. 细实线　　　　C. 虚线　　　　　D. 双点长划线

(6) 绘制施工图时，表达不全的图形用（　　）断开。

A. 虚线　　　　　B. 折断线　　　　C. 点划线　　　　D. 波浪线

(7) 平面图中标注的楼地面标高为（　　）。

A. 相对标高且是建筑标高　　　　　B. 相对标高且是结构标高

C. 绝对标高且是建筑标高　　　　　D. 绝对标高且是结构标高

2. 实操题

完成平面布置图的绘制。

二维码 2-5　任务二平面布置图课件资源

二维码 2-6　习题参考答案

建筑装饰施工一体化技能实训

3 任务三 地面铺装图

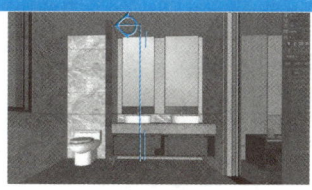

3.1 教学目标

1. 知识目标
（1）了解地面铺装图的表现内容；
（2）熟悉绘制地面铺装图的工作流程；
（3）掌握地面铺装图绘制步骤和方法。

2. 能力目标
（1）学习应用建筑 CAD 软件绘制地面铺装图；
（2）掌握地面铺装图不同的绘制方法；
（3）能按规范要求进行图纸审核。

3. 思政元素
（1）树立标准化意识，提升思维能力；
（2）培养在设计过程中以人为本的职业素养；
（3）培养分析问题、发现问题、用创新的思维去解决问题的职业素养；
（4）培养严谨、精益求精的敬业态度。

3.2 任务与分析

1. 任务目的
（1）根据装饰材料表和设计要求在平面布置图基础上绘制出地面铺装图；
（2）熟练掌握绘制过程中使用的工具和绘图方法。

2. 任务分析
地面铺装图绘制材料要求见表 3-1。

地面铺装图绘制材料要求　　　　表3-1

	材料名称	样式	常用尺寸	文字高度
客餐厅	ST-01 云多拉灰大理石	大理石纹样	900mm×900mm	5mm
	ST-03 意大利灰大理石（过门石即门槛石）	大理石纹样	依据图纸尺寸	5mm
卧室	WF-01 实木复合地板	木地板	192mm×1210mm	5mm
	ST-03 意大利灰大理石（过门石即门槛石）	大理石纹样	依据图纸尺寸	5mm
卫生间	ST-03 意大利灰大理石	大理石纹样	700mm×400mm	5mm
	ST-03 意大利灰大理石（过门石即门槛石）	大理石纹样	依据图纸尺寸	5mm

3.3 基础知识

1. 地面铺装图的绘制内容

地面铺装图的很多内容与平面布置图类同，如以层数来命名、建筑平面基本结构和尺寸、装饰结构的平面形式和位置等。地面铺装图需要表达的内容有：

(1) 表明室内各房间名称、功能分区、标高及地面铺装造型的平面形式和尺寸。

(2) 表明地面所用的装饰材料的规格、品种、色彩、工艺制作要求及铺装方法。

(3) 地面铺装图上的材质用图示表示，力求简单明了，并附加文字说明。

2．地面铺装图的绘制注意事项

(1) 地面铺装图为了方便绘制，需在绘制前隐藏家具、轴网、文字、标注。

(2) 检查填充区域。实操中常见错误是"区域无法填充"，如图 3-1 所示。此错误下可检查区域是否闭合。在铺装前确认空间是否闭合，可以应用〖多段线〗命令（快捷键PL）先将铺装范围进行围合绘制，确认闭合性。

(3) 大理石地砖常用铺设尺寸有：300mm×300mm、300mm×450mm、300mm×600mm、600mm×600mm、800mm×800mm、900mm×900mm、600mm×1200mm、750mm×1500mm、900mm×1800mm，我们取常用尺寸 900mm×900mm。实木复合木地板长度一般在 900~2200mm，宽度在 120~200mm，家庭常用木地板尺寸有：800mm×120mm×15mm、1020mm×123mm×15mm、1200mm×150mm×15mm、1802mm×150mm×15mm。常用规格为 800mm（长）×120mm（宽）×15mm（厚）。

(4) 铺设常规大理石方砖需要注意尺寸，当长宽尺寸相同，填充一次便可完成，当长宽尺寸不同，需要填充两次。木地板、门槛石有固定的纹样，选取对应的纹样进行填充。

(5) 地面铺装图需要在图幅左下角单独绘制材料图例表，图例表中除了标明铺贴材料，还有地面起铺点、地漏及坡度图例，且注明过门石说明，填充地面铺装时参照材料图例表进行绘制，方便施工查阅，材料图例表如图 3-2 所示。

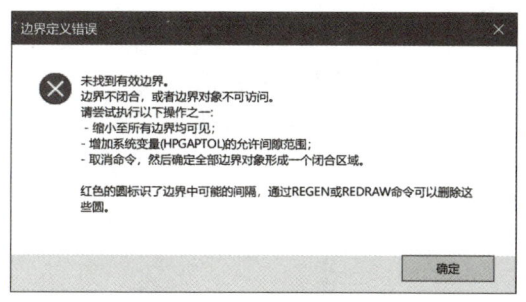
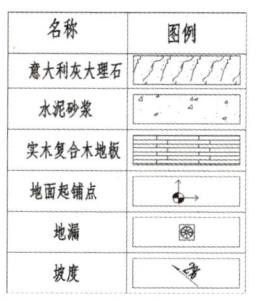

图 3-1 检查填充区域闭合（左）

图 3-2 材料图例表（右）

3.4 任务实施

应用〖复制〗命令（快捷键CO）复制平面布置图，修改图名为地面铺装图，隐藏家具及平面布置图中的标注，在此基础上进行地面铺装图的绘制。地面铺装图的绘制首先要弄清楚铺装的材料名称、样式、尺寸、文字。其次按照客餐厅、卧室、卫生间各功能区材料依次填充材料样式即可。

1. 绘图环境设置

（1）地面铺装图新建图层设置要求见表3-2。

图层设置表　　　　　　　　　　　　　表3-2

图层名称	颜色	线型	线宽
填充	8	连续	默认
粗线	251	连续	默认
细线	252	连续	默认

注：①新建的图形中一定会有一个名称为"0"的图层，尽量不要在这个图层上绘图，一般在定义图块时我们在这个图层上进行。

②在绘制过程中一般在标注尺寸时，建筑CAD会自动生成一个名为"Defpoints"的图层，这个图层中的内容能显示出来但是不会被打印出来，可以利用这个图层绘制辅助线。

③用户可自行创建图层，建筑CAD在绘制时会自带图层。

（2）文字样式设置要求

1）汉字：样式名为"汉字"，字体名为"仿宋"，宽度因子为0.7。

2）非汉字：样式名为"非汉字"，字体名为"simplex.shx"，宽度因子为0.7。

3）尺寸标注样式设置：尺寸标注样式名为"标注75"。文字样式选用"非汉字"，箭头大小为1.2mm，文字高度为3mm，基线间距为10mm，尺寸界线偏移尺寸线2mm，尺寸界线偏移原点5mm，使用全局比例为75。主单位单位格式为"小数"，精度为"0"。

（3）比例设定

绘图比例1：1，出图比例1：75。

绘制要求如下，其余未明确部分按现行制图标准绘制。

2. 客餐厅地面铺装

（1）客餐厅地面铺装

1）为了保障客餐厅铺设地砖的完整性，要注意在客餐厅与卧室连通的入口处绘制一条门槛线，以保障客餐厅空间是闭合的，应用〖直线〗命令（快捷键L）绘制客餐厅通往卧室的门槛石，如图3-3所示。

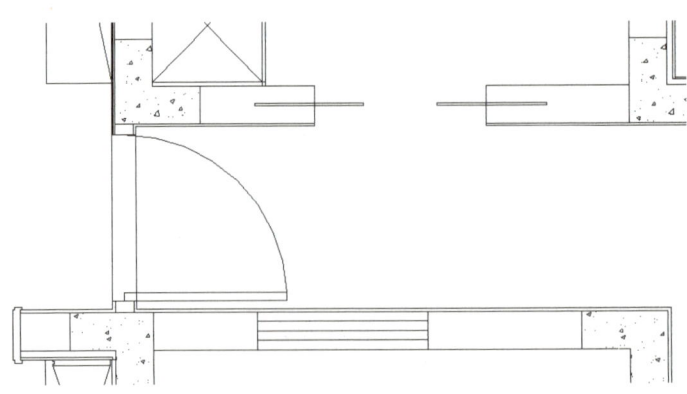

图3-3　门槛石绘制

2）设置填充为当前图层，启动〖填充〗命令（快捷键 H），打开"填充"对话框，如图 3-4 所示。设置图案为"平面_1 石材"，比例为"20"，点击"添加：拾取点（K）"对门槛石进行填充，如图 3-5 所示。同样方法完成厨房、卫生间和衣帽间门槛石的绘制和填充。

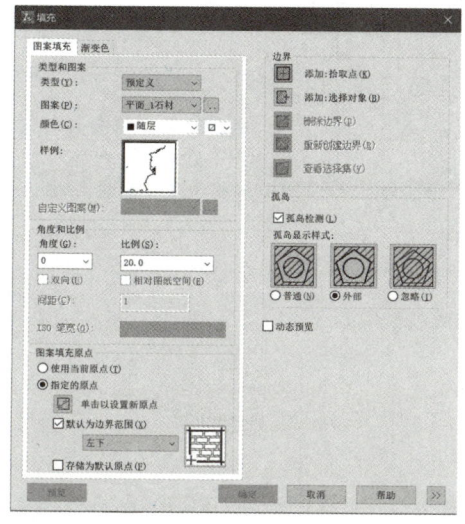
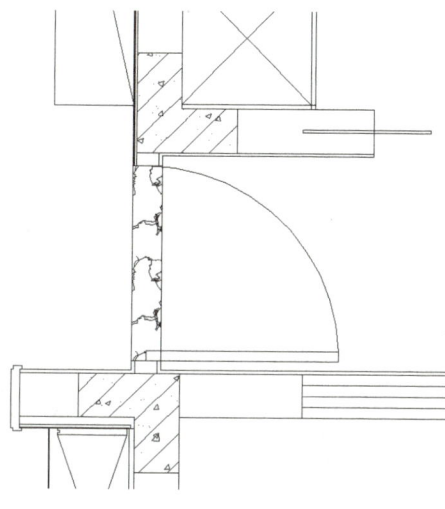

图 3-4 门槛石"填充"对话框（左）

图 3-5 门槛石填充（右）

3）客餐厅铺设地砖为 900mm×900mm 方砖，启动〖填充〗命令（快捷键 H），按空格键执行命令，打开"填充"对话框，单击类型选择"用户定义"，在"角度和比例"复选框勾选"双向（U）"，"间距（C）"输入 900。选择图案填充原点中"指定的原点"，勾选"默认为边界范围"，方位可根据图中自行认定。如图 3-6 所示，单击"边界"中选择"添加：拾取点（K）"，光标在客餐厅范围内单击，便可拾取客餐厅范围，范围被成功拾取后，客餐厅范围边界会形成"虚线框"。按空格键返回"填充"对话框。点击"预览"观察填充无误便可单击"确定"完成客餐厅的填充（图 3-7）。

特别提示：

● 此处如果出现"边界定义错误"提示，就说明需要填充的空间没有闭合，需先将空间进行闭合，可用多段线 PL 把需填充范围描绘一遍，再进行填充；还可尝试第二种方式，单击"添加：选择对象（B）"，单击添加客餐厅每条边界（注：如果没有绘制边框，就需要将所需填充空间边框逐一单击）。范围被成功拾取后，客餐厅界面会形成"虚线框"。范围拾取成功后点击"预览"，填充无误便可单击"确定"。

4）玄关位置绘制"地面起铺点"图例，如图 3-8 所示。

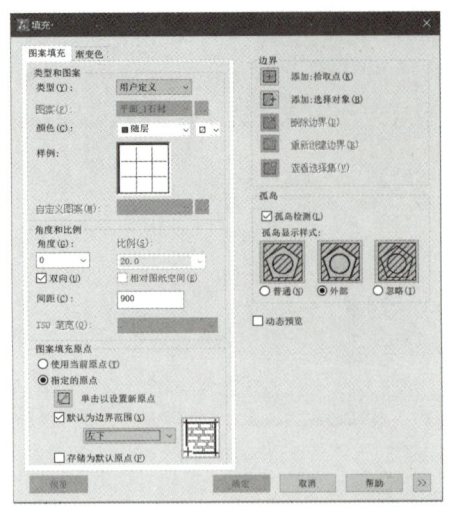
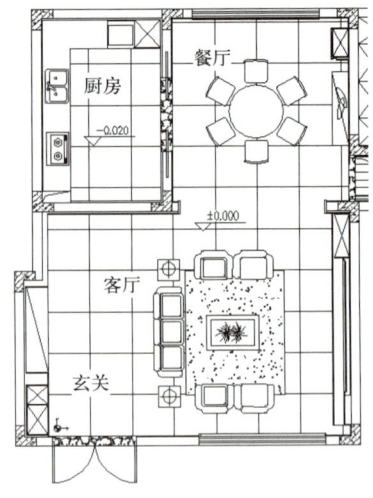

图 3-6 "填充"对话框（左）

图 3-7 客餐厅填充（右）

（2）卧室地面铺装

启动〖填充〗命令（快捷键 H），按空格键执行命令，打开"填充"对话框，单击"类型（Y）"选择"预定义"，图案选择"木地板"，在"角度和比例"中角度输入 0，"比例（S）"输入 75。选择图案填充原点中"指定的原点"，勾选"默认为边界范围（X）"，方位可根据图中自行认定。如图 3-9 所示，单击"边界"中"添加：拾取点（K）"，光标在卧室范围内单击，便可拾取卧室范围，范围被成功拾取后，卧室范围边界会形成"虚线框"。按空格键返回"填充"对话框。点击"预览"，观察填充无误便可单击"确定"完成卧室的填充，如图 3-10 所示。

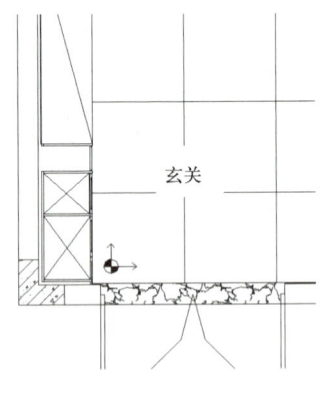

图 3-8 地面起铺点

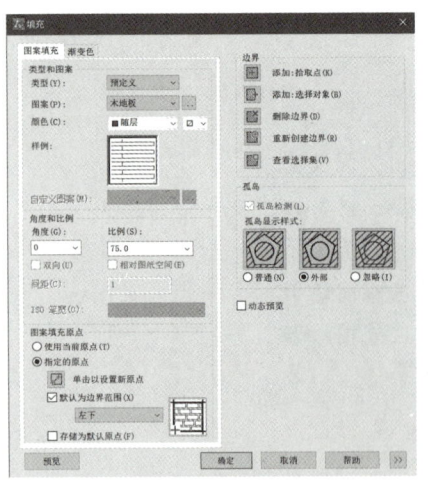
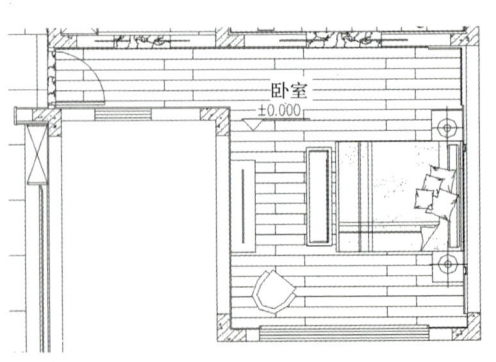

二维码 3-1 地面填充绘制视频

图 3-9 卧室"填充"对话框（左）

图 3-10 卧室填充（右）

· 42 · 建筑装饰施工一体化技能实训

(3) 卫生间地面铺装

1) 启动〖填充〗命令（快捷键 H），按空格键执行命令，打开"填充"对话框，单击"类型（Y）"选择"用户定义"，在"角度和比例"中角度选择"0"，"间距（C）"输入 700。选择图案填充原点中"指定的原点"，勾选"默认为边界范围（X）"，方位可根据图纸情况自行认定。如图 3-11 所示，单击"边界"中"添加：拾取点（K）"，光标在卫生间范围内单击，便可拾取卫生间范围，范围被成功拾取后，卫生间范围边界会形成"虚线框"。按空格键返回"填充"对话框。点击"预览"，观察填充无误便可单击"确定"完成卫生间的填充，如图 3-12 所示。

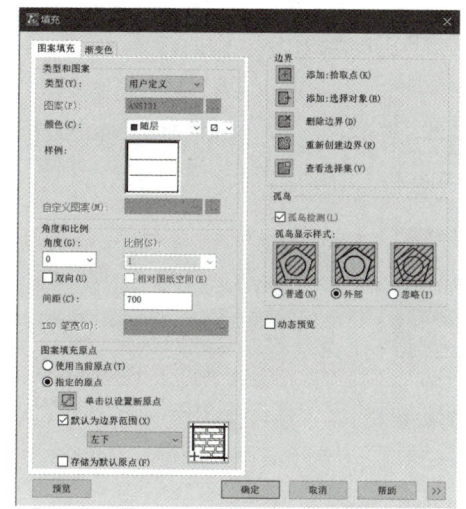
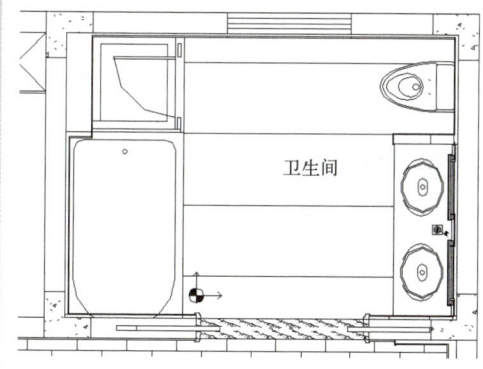

图 3-11 卫生间横向"填充"对话框（左）

图 3-12 卫生间横向填充（右）

注：填充前用〖直线〗（快捷键 L）或〖多段线〗（快捷键 PL）对填充区域进行闭合处理。

2) 重复执行〖填充〗命令（快捷键 H），按空格键执行命令，打开"填充"对话框，单击"类型（Y）"选择"用户定义"，在"角度和比例"中角度选择"90"，"间距（C）"输入 400。选择"图案填充原点"中"指定的原点"，勾选"默认为边界范围（X）"，方位可根据图纸情况自行认定。如图 3-13 所示，单击"边界"中"添加：拾取点（K）"，光标在卫生间范围内单击，便可拾取卫生间范围，范围被成功拾取后，卫生间范围边界会形成"虚线框"。按空格键返回"填充"对话框。点击"预览"，观察填充无误便可单击"确定"完成卫生间的填充，如图 3-14 所示。

(4) 文字及图例

1) 启动〖引线标注〗命令（快捷键 YXBZ），按空格键执行命令，打开"引出标注文字"对话框，填写引线标注内容，如图 3-15 所示，选择图纸中需要标注的位置进行标注。选择引线，按"Ctrl+1"键，将引线颜色设置为"颜色 251"，如图 3-16 所示。复制引线并双击修改完成其他空间引线的标注。

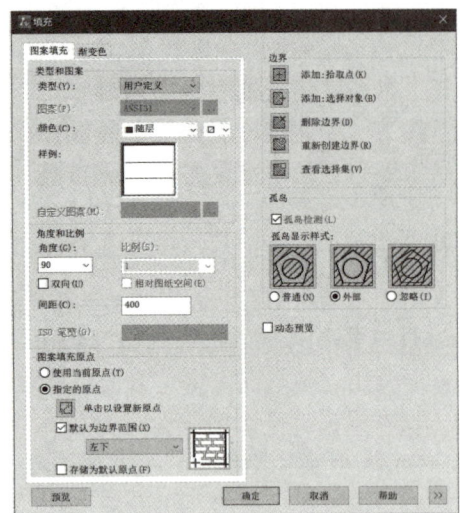
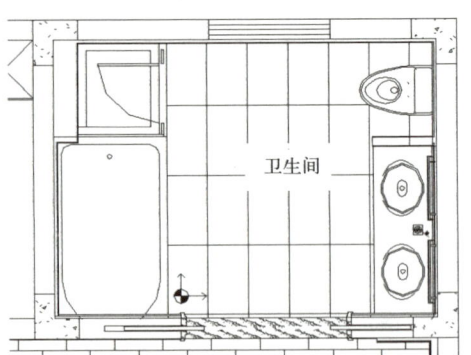

图 3-13 卫生间竖向"填充"对话框（左）

图 3-14 卫生间竖向填充（右）

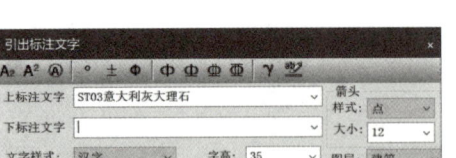
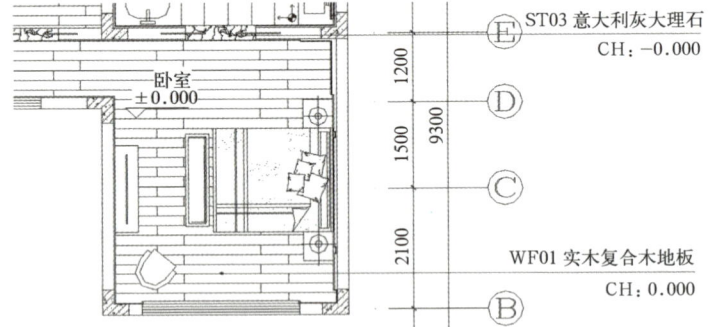

图 3-15 "引出标注文字"对话框（左）

图 3-16 引出标注文字（右）

2) 大理石填充图案如图 3-17 所示，木地板填充图案如图 3-18 所示，水泥砂浆填充图案如图 3-19 所示。

3) 图例的绘制：在地面铺装图幅左下角绘制图例，应用〖多段线〗命令（快捷键 PL）完成线框，应用〖文字〗命令（快捷键 T）完成文字填写，应用〖填充〗命令（快捷键 H）绘制图例图案，材料图例表绘制完成后如前图 3-2 所示。

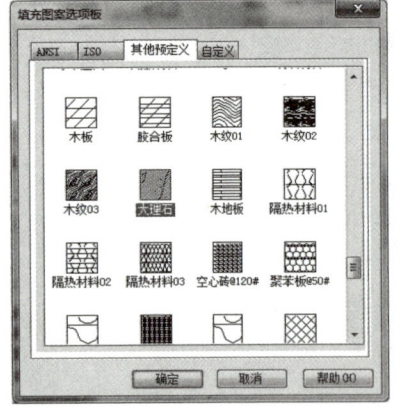
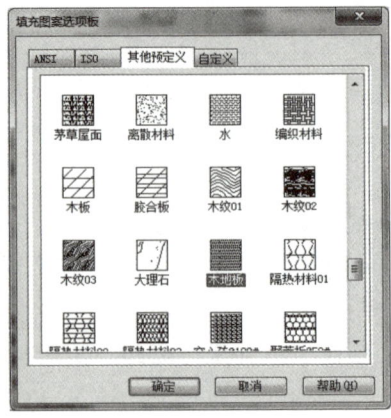
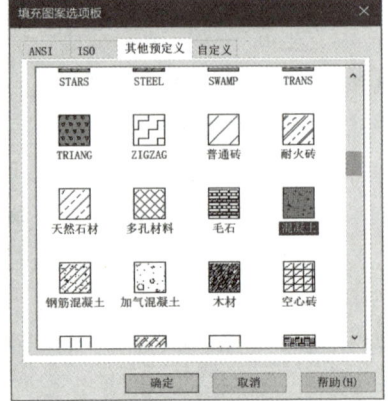

图 3-17 大理石填充图案（左）

图 3-18 木地板填充图案（中）

图 3-19 水泥砂浆填充图案（右）

4)地面铺装图中地面起铺点、地漏,坡度参照图例进行绘制,绘制完成后如图 3—20 所示。

5)解除家具、轴网、文字、标注图层的隐藏项。

6)地面铺装图绘制完成后如图 3—21 所示。

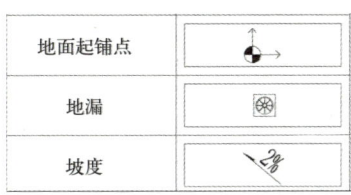

图 3—20 图例符号

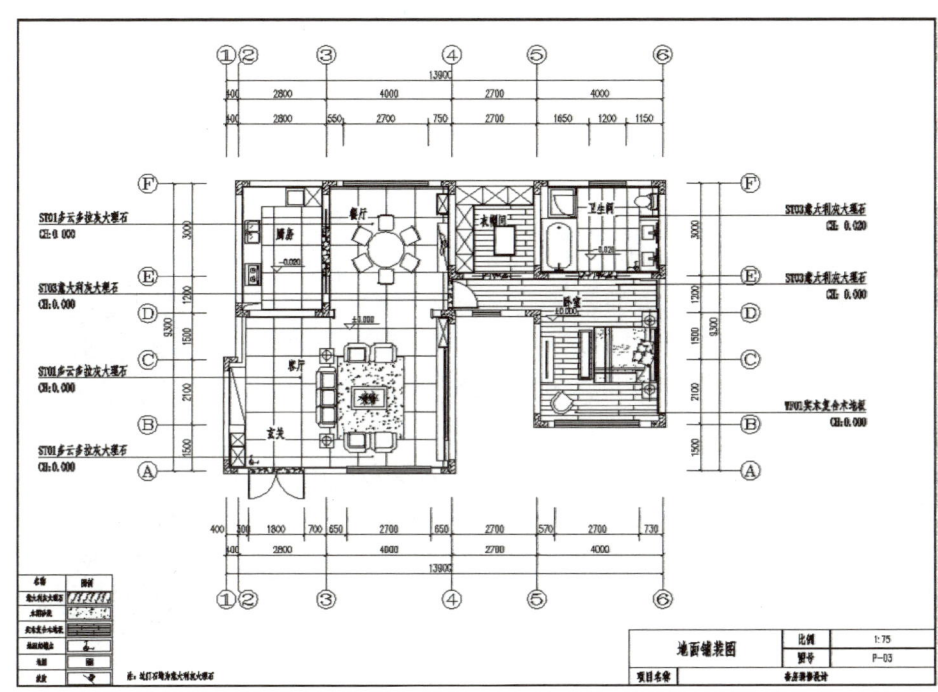

图 3—21 地面铺装图

3.5 任务评价

任务自评 (20%)	地面铺装图绘制完整	□ 很好	□ 较好	□ 一般	□ 还需努力
	内容表达清晰准确	□ 很好	□ 较好	□ 一般	□ 还需努力
	符合制图规范	□ 很好	□ 较好	□ 一般	□ 还需努力
小组互评 (40%)	地面铺装图绘制整体效果	□ 优	□ 良	□ 中	□ 差
教师评价 (40%)	地面铺装图绘制质量	□ 优	□ 良	□ 中	□ 差

3.6 任务小结

3.6.1 通过本次任务熟练掌握以下图形的绘制方法

1. 完成客餐厅部分地面铺装图的绘制。
2. 完成卫生间部分地面铺装图的绘制。

3. 完成卧室部分地面铺装图的绘制。

3.6.2 知识及能力测试题

1. 单项选择题

（1）地砖铺贴时需注意地面铺设方向，一般在（　　）用整砖铺设，把需裁切的砖铺贴在家具的下面或不显眼处。

A. 尽端处　　　　B. 主要位置　　　　C. 入口处　　　　D. 家具下方

（2）石材类地面的铺装一般用（　　）。

A. 干贴法　　　　B. 湿贴法　　　　C. 干挂法　　　　D. 胶黏法

（3）石材铺贴后高差要不大于（　　）。

A. 4mm　　　　B. 3mm　　　　C. 1mm　　　　D. 5mm

（4）填充界面快捷键是（　　）。

A. C　　　　B. W　　　　C. H　　　　D. PL

（5）下面材料不适用于地面的是（　　）。

A. 石材　　　　B. 玻璃　　　　C. 壁纸　　　　D. 陶瓷

（6）石材铺贴楼梯时，注意理论尺寸与实际尺寸不一致的情况，要预先进行（　　）。

A. 绘制图纸　　　　B. 试铺　　　　C. 量尺寸　　　　D. 详细排版

（7）卫生间的轻质隔墙底部应做C20混凝土导墙，其高度不应小于（　　）。

A. 100mm　　　　B. 150mm　　　　C. 300mm　　　　D. 200mm

二维码3-2　任务三　地面铺装图课件资源

二维码3-3　习题参考答案

2. 实操题

完成地面铺装图的绘制。

建筑装饰施工一体化技能实训

任务四　天花布置图

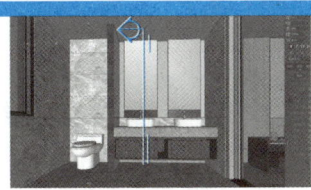

4.1 教学目标

1. 知识目标

(1) 了解天花布置图的表现内容；
(2) 熟悉绘制天花布置图的工作流程；
(3) 掌握天花布置图绘制步骤和方法。

2. 能力目标

(1) 学习应用建筑 CAD 软件绘制天花布置图；
(2) 明确天花布置图的绘制思路；
(3) 掌握天花布置图的绘制方法。

3. 思政元素

(1) 了解拥有自主知识产权对科技强国的重要性，树立正确的学习观和成才观；
(2) 培养在设计过程中以人为本的职业素养；
(3) 培养分析问题、发现问题、用创新的思维去解决问题的职业素养；
(4) 培养严谨认真的职业精神，厚植勇于进取的职业理念。

4.2 任务与分析

1. 任务目的

(1) 结合方案效果图，在完成面尺寸定位图基础上，绘制天花布置图；
(2) 熟练掌握运用建筑 CAD 软件绘制天花布置图的方法。

2. 任务分析

在开始天花布置图任务时，我们需要收集资料图纸，包括手绘量房图、设计方案效果图、完成面尺寸定位图等。

（1）手绘量房图

掌握室内空间的净高、建筑梁柱的尺寸、门洞、窗洞以及中央空调的宽度和高度，作为天花吊顶跌级造型设计及标高确定的依据，如图 4-1 所示。

（2）设计方案效果图

开始天花布置图任务前，我们要先对天花方案设计效果图进行分析，如图 4-2 所示，了解室内天花的造型设计、选用的装饰材料、吊顶完成面的层次关系和天花中灯具及设备设置要求；在此基础上，分析天花布置图的绘制顺序及绘制方法。

（3）完成面尺寸定位图

平面布置图经过家具的隐藏与内部尺寸的修改，能转化为完成面尺寸定位图，如图 4-3 所示。

我们可以复制完成面尺寸定位图，在此图基础上，进行天花平面图的绘制。天花平面图的绘制需了解立面装饰完成后室内空间尺寸、状态，重点注意

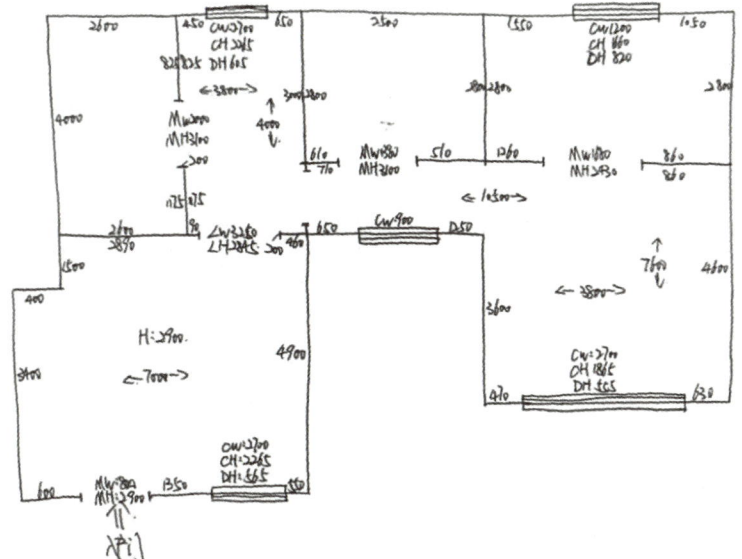

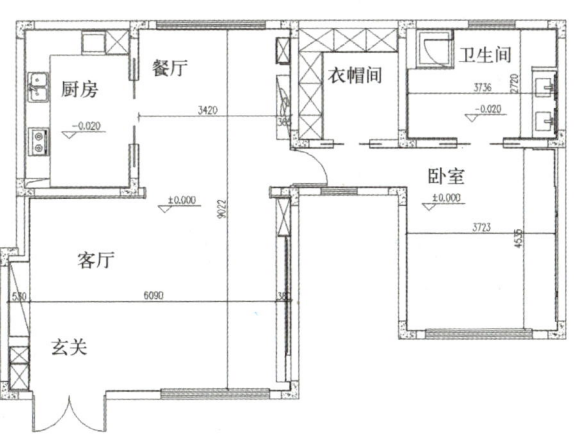

图 4-1 手绘量房图

分辨立面装饰中的固定家具，通顶的固定家具的外轮廓造型需要在天花布置图中表现出来。

图 4-2 设计方案效果图（左）

图 4-3 完成面尺寸定位图（右）

4.3 基础知识

1. 天花布置图的内容

（1）天花装饰材料类型与完成面标高。

（2）灯具类型、数量、位置及灯光色彩要求等。

（3）与顶棚相接的家具、设备位置及尺寸等。

（4）表明墙体顶部有关装饰配件（如窗帘盒、窗帘、窗帘帷幕板等）的形式与位置。

（5）空调送风口位置、消防自动报警系统以及与吊顶有关的音频设备的平面布置形式及安装位置。

(6) 图外标注开间、进深、总长和总宽等尺寸。

(7) 具有复杂造型或特殊装饰手法（如浮雕和彩绘等）需要另加详图说明，并标明索引符号。

2．天花布置图绘制注意事项

(1) 天花布置图可以在装饰完成面尺寸定位图基础上绘制，天花布置图中不体现门的开启方向，只体现门洞位置。与造型吊顶相连接的装饰配件（如窗帘盒、窗帘和窗帘帷幕板等）的形式与位置也需要在天花布置图中表现出来。

(2) 绘制天花布置图时，不能被装饰吊顶造型遮盖的梁和柱，应在天花布置图中表现出它们的正投影轮廓；封顶处理的橱柜以及与顶面固定的吊柜，需要在天花布置图中表示柜体的外轮廓线。

(3) 绘制天花布置图时需要在不同层级的吊顶完成面上，标出不同层级吊顶的高度。

(4) 天花布置图中，需要对装饰吊顶的造型尺寸进行标注，以及对装饰吊顶的材料及工艺进行表现。

(5) 天花布置图要附灯具设备表，对图中涉及的灯具及设备进行说明。

4.4 任务实施

1．天花布置图的绘图环境的设置

(1) 天花布置图新建图层设置要求见表4-1。

图层设置表　　　　　　　　　　　　表4-1

图层名称	颜色	线型	线宽
吊顶造型线	140	连续	默认
灯具设备	32	连续	默认
暗藏灯带	32	DASH	默认
吊顶标注	绿	连续	默认
引线标注	洋红	连续	默认
索引标注	白	连续	默认

注：①新建的图形中一定会有一个名称为"0"的图层，尽量不要在这个图层上绘图，一般在定义图块时我们在这个图层上进行。

②在绘制过程中一般在标注尺寸时，建筑CAD会自动生成一个名为"Defpoints"的图层，这个图层中的内容能显示出来但是不会被打印出来，可以利用这个图层绘制辅助线。

③用户可自行创建图层，建筑CAD在绘制时会自带图层。

创建暗藏灯带图层：命令行启动〖图层特性管理器〗命令（快捷键LA），按空格键执行命令，调出"图层特性管理器"对话框；命令行启动〖新建图层〗命令（快捷Alt+N），命名为暗藏灯带图层；单击新建图层的"连续"线型，打开"线型管理器"对话框，点击"加载"，加载"DASH"线型，点击"确定"，将该图层线型改为"DASH"；点击颜色下面对应的颜色按钮输入32，设置该图层颜色，完成暗藏灯带图层的新建工作；依次进行其他图层的创建。

（2）文字样式设置要求

1）汉字：样式名为"汉字"，字体名为"仿宋"，宽度因子为0.7。

2）非汉字：样式名为"非汉字"，字体名为"simplex.shx"，宽度因子为0.7。

3）尺寸标注样式设置：尺寸标注样式名为"标注75"，文字样式选用"非汉字"，箭头大小为1.2mm，文字高度为3mm，基线间距为10mm，尺寸界线偏移尺寸线2mm，尺寸界线偏移原点5mm，使用全局比例为75，主单位单位格式为"小数"，精度为"0"。

（3）比例设定

绘图比例1∶1，出图比例1∶75。

绘制要求如下，其余未明确部分按现行制图标准绘制。

2. 编辑完成面尺寸定位图

（1）应用〖复制〗命令（快捷键CO）复制完成面尺寸定位图，并应用〖删除〗命令（快捷键E）删除图纸内部完成面定位尺寸，如图4-4所示。

（2）应用〖删除〗命令（快捷键E）删除完成面定位图中各种双开门、推拉门模型，如图4-5所示。卫生间删除门后的门洞位置如图4-6所示，应用〖修剪〗命令（快捷键TR）对门洞位置进行修剪，如图4-7所示。

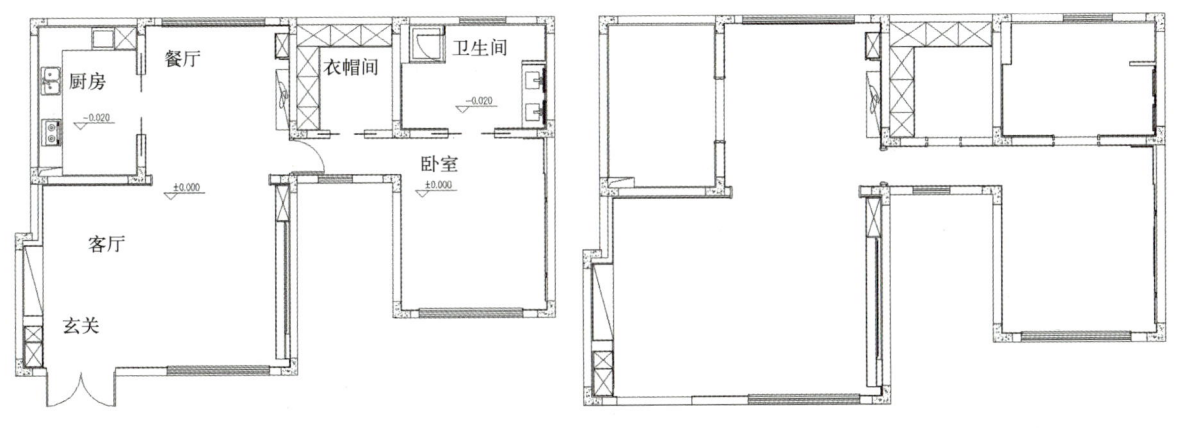

图4-4 完成面删除定位尺寸（左）

图4-5 完成面删除门等（右）

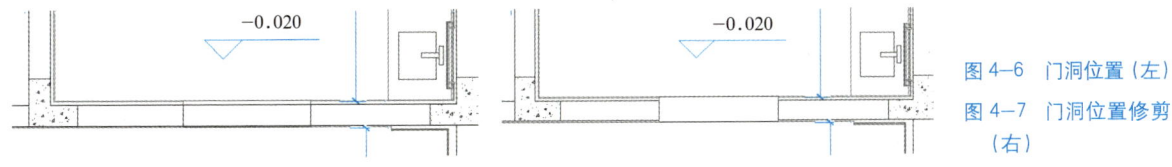

图4-6 门洞位置（左）

图4-7 门洞位置修剪（右）

3. 绘制天花造型

天花造型设计需在满足遮盖一些梁柱造型基础上，兼顾到家具平面布置和地面铺装造型。以本项目的客餐厅为例，首先考虑到吊顶内部有中央空调设备，因此跌级吊顶要预留足够设备安装空间；另外也要考虑空调的回风效果，以及出风口位置，以此确定"回"形吊顶完成面距地面高度为2.450m，中间吊顶完成面距地面2.870m。

其次从效果图方案上看，客餐厅之间顶部有梁。梁高550mm，客厅入口、餐厅处分别有两处窗户，吊顶要预留窗帘盒的位置，窗帘盒宽230mm，窗帘盒顶部完成面距地面2.650m。入口处的鞋柜和玄关柜，以及客厅影音墙的装饰柜、餐厅的餐边柜都是通顶固定家具，因此天花布置图中要保留以上家具的外轮廓线。整个天花布置图的绘制思路为先绘制大的造型，如"回"形顶造型的长与宽，再绘制吊顶细部造型，如窗帘盒、中央空调出风口、石膏线收口线的造型及宽度。

（1）绘制客厅天花造型线

建立新图层命名为"吊顶造型线"，并将该图层设置为当前图层。以客厅天花布置图为例，应用〖直线〗命令（快捷键L）沿着客厅内墙线绘制造型线辅助线，启动〖偏移〗命令（快捷键O），按空格键执行命令，在命令行"指定偏移距离或[通过(T)／擦除(E)／图层(L)]:"提示下，输入200按Enter键；在命令行"选择要偏移对象或[放弃(U)／退出(E)]:"提示下，选择客厅上边内墙线偏移780mm，同样的方法偏移下边内墙线630mm，左边内墙线780mm，右边内墙线540mm。启动〖倒角〗命令（快捷键CHA），倒角半径为0，修剪"回"形造型四个角为直角，如图4-8所示。

应用〖矩形〗命令（快捷键REC），按空格键执行命令，打开对象捕捉，绘制"回"形吊顶轮廓线。同样的方法继续用〖偏移〗命令（快捷键O）偏移65mm，预留出收口石膏线的宽度，再偏移95mm，偏移出客厅中间的石膏板吊顶外轮廓线，再偏移25mm，偏移出石膏线的宽度，如图4-9所示。

图4-8 客厅"回"形造型（左）
图4-9 客厅石膏造型线（右）

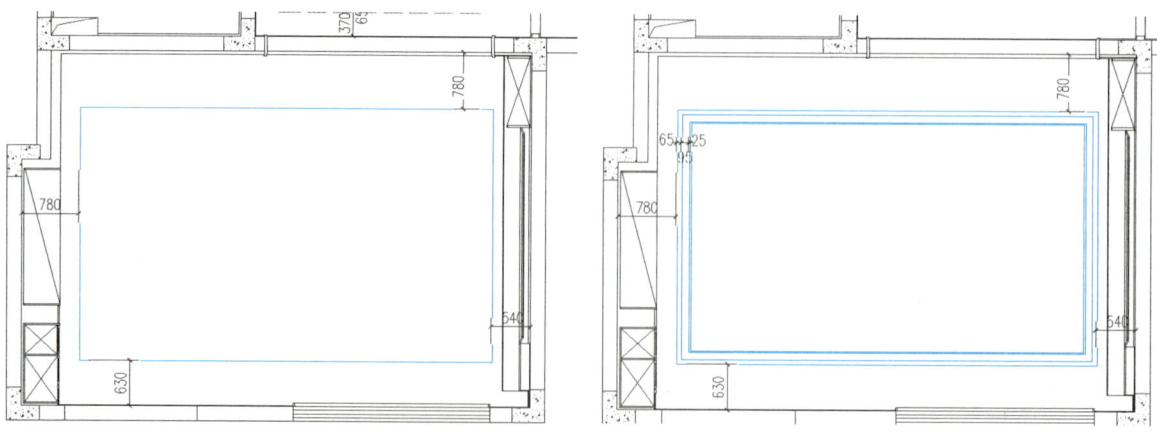

（2）绘制窗帘盒和收边石膏线

应用〖偏移〗命令（快捷键O）、〖直线〗命令（快捷键L）在预留的65mm石膏线宽度里，绘制表现石膏线层次的装饰线，如图4-10所示，应用〖偏移〗命令（快捷键O）从窗户所在的内墙线向上偏移230mm，绘制窗帘盒，如图4-11所示。

（3）绘制空调出风口

应用〖偏移〗命令（快捷键O）结合〖修剪〗命令（快捷键TR），绘制客厅的空调出风口。空调出风口尺寸5680mm×290mm，具体数据如图4-12所示。

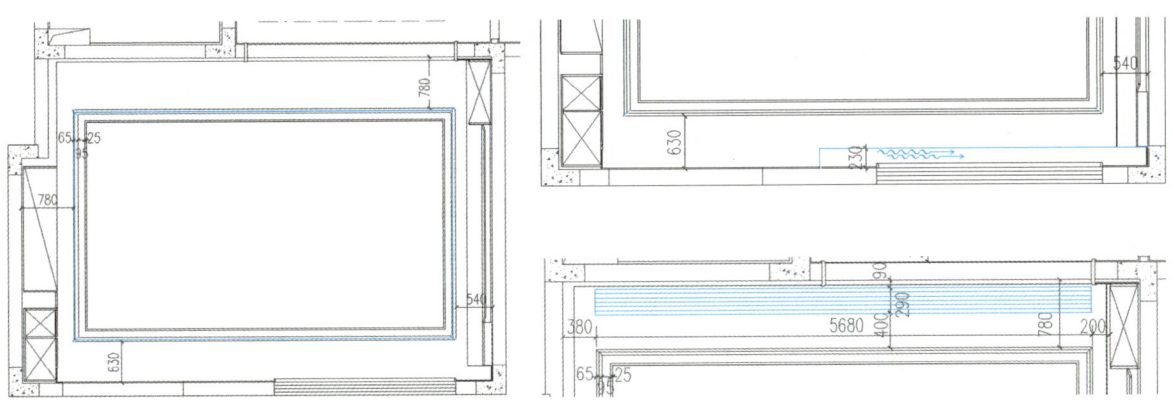

（4）绘制客厅的暗藏灯带

启动〖图层特性管理器〗命令（快捷键LA），按空格键执行命令，选择暗藏灯带图层，点击鼠标右键，选择"置为当前（M）"，将暗藏灯带图层设置为当前图层，如图4-13所示。

启动〖偏移〗命令（快捷键O），按空格键执行命令，选择"回"形吊顶最外侧矩形线段，向四周偏移距离为40mm，选择偏移出来的线段，选择选项卡图层中的图层特性旁边的下拉选项，选择暗藏灯带图层，将该图层设置为当前，完成暗藏灯带的绘制，如图4-14所示。

参照客厅天花布置图绘制方法，分区域完成餐厅、卧室、卫生间区域的天花布置图。餐厅详见图4-15，卧室详见图4-16，卫生间详见图4-17。

图4-10 石膏层次线（左）

图4-11 窗帘盒（右上）

图4-12 空调出风口（右下）

二维码4-1 客厅天花布置图绘制视频

图4-13 暗藏灯带图层

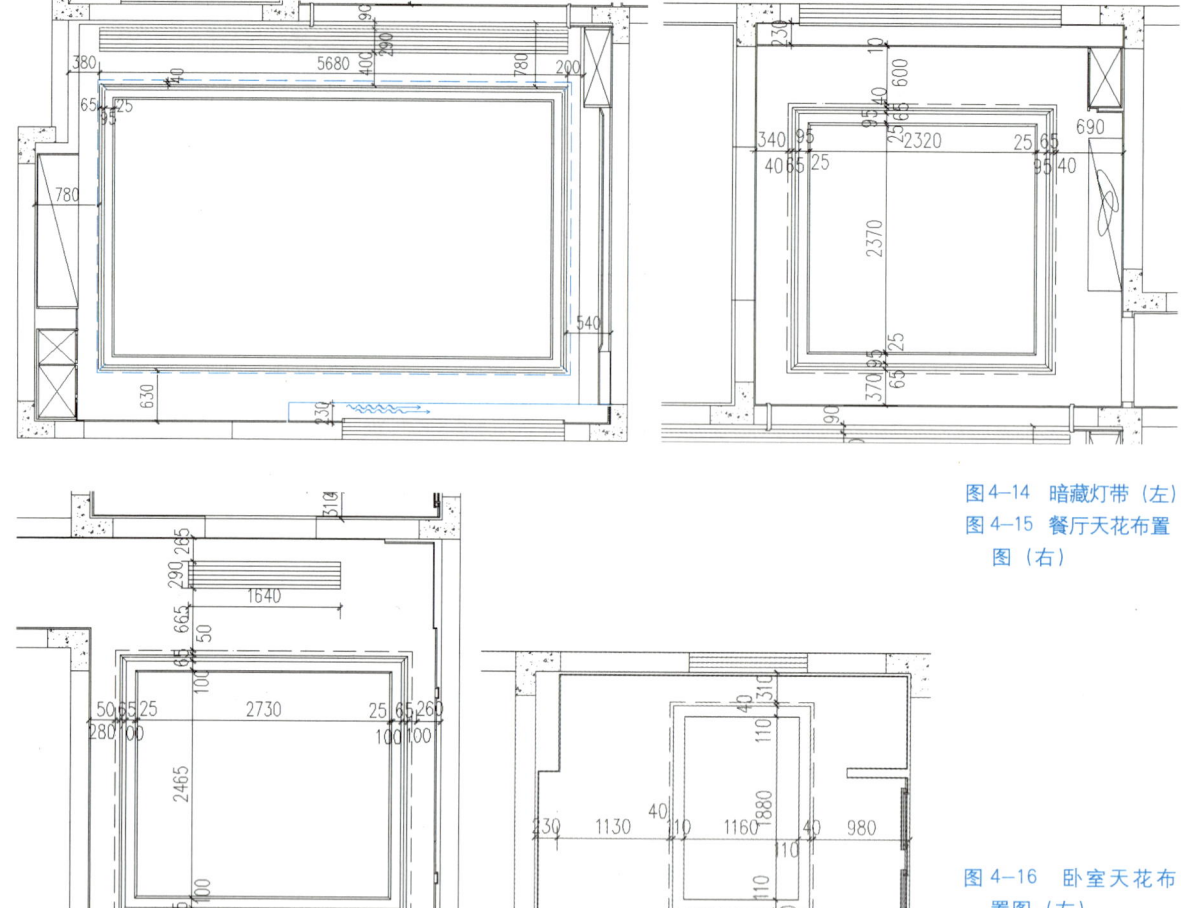

图 4-14 暗藏灯带（左）
图 4-15 餐厅天花布置图（右）

图 4-16 卧室天花布置图（左）
图 4-17 卫生间天花布置图（右）

4. 标注与灯具设备

（1）对天花吊顶完成面进行标高及材料标注

启动〖引线〗命令（快捷键LE），按空格键执行命令，按照吊顶完成面的高度从高到低的顺序，点击需要标注的地方拉出引线，双击鼠标右键，出现文字输入框，输入描述吊顶材料及高度的文字内容，完成吊顶标高和装饰材料标注工作。引线文字内容按照材料编号、材料名称、完成面标高的顺序标注，也可以按各设计单位制图要求进行标注。具体标注内容参照图4-18。

（2）灯具及设备的绘制

新建灯具设备图层，为每个区域空间插入灯具，灯具插入位置的具体数值及灯具绘制参照任务五灯具定位图，灯具模型可以自己绘制，也可以调用合适的灯具CAD平面模型。这里需要明确的是，灯具及安装在吊顶上的设备，如中央空调出风口及暖风机等，是天花布置图中需要表示的。灯具和设备插入后效果如图4-19所示。

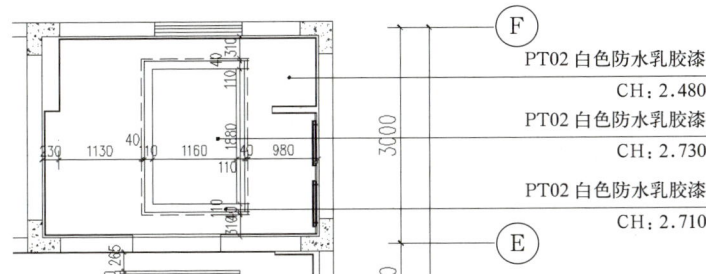

图 4-18 吊顶标高和装饰材料标注

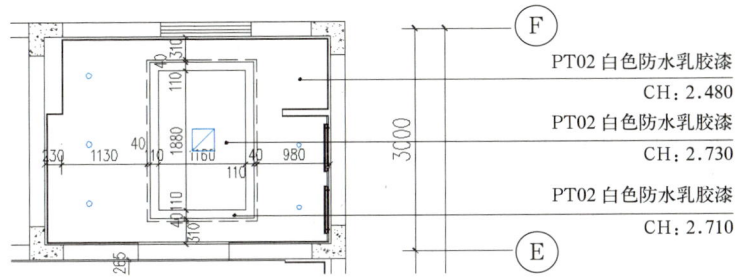

图 4-19 灯具和设备插入

（3）制作灯具设备表

切换到文字图层，应用〖矩形〗命令（快捷键 REC）捕捉图框左下方角点，绘制 4800mm×3600mm 矩形框；启动〖偏移〗命令（快捷键 O），按空格键执行命令，设置行间距 400mm 进行偏移；启动〖定数等分〗命令（快捷键 DIV），按空格键执行命令，选择一个横线，输入等分数目 3，单击 Enter 键将横线等分为 3 份；按 F3 键打开对象捕捉，捕捉节点，绘制表格竖列的分割线，完成 5 行 3 列的表格绘制，表头从左到右依次填写设备图例、名称、备注，将灯具、设备模型依次填入表格，并对相关模型进行说明，绘制完成后如图 4-20 所示。

设备图例	名称	备注
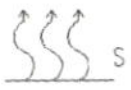 ⌇⌇⌇s	空调条形侧出风口	
⊕	筒灯	开孔尺寸：100×100
◨	暖风机	开孔尺寸：240×240
⦿⦿⦿	三头斗胆灯	开孔尺寸：346×134

图 4-20 灯具设备表（单位：mm）

任务四　天花布置图

4.5 任务评价

任务自评 (20%)	天花布置图绘制完整	□ 很好	□ 较好	□ 一般	□ 还需努力
	内容表达清晰准确	□ 很好	□ 较好	□ 一般	□ 还需努力
	符合制图规范	□ 很好	□ 较好	□ 一般	□ 还需努力
小组互评 (40%)	天花布置图绘制整体效果	□ 优	□ 良	□ 中	□ 差
教师评价 (40%)	天花布置图绘制质量	□ 优	□ 良	□ 中	□ 差

4.6 任务小结

4.6.1 通过本次任务熟练掌握以下图形的绘制方法

1. 完成客厅部分天花布置图的绘制。
2. 完成餐厅部分天花布置图的绘制。
3. 完成卫生间部分天花布置图的绘制。
4. 完成卧室部分天花布置图的绘制。
5. 完成天花布置图的文字和尺寸标注。

4.6.2 知识及能力测试题

1. 不定项选择题

(1) 大吊灯的最小高度是（　　）。
A. 2400mm　　　B. 2000mm　　　C. 1500mm　　　D. 2800mm

(2) 反光灯槽最小直径是（　　）。
A. 等于或大于灯管直径　　　B. 等于或大于灯管直径两倍
C. 等于或大于灯管直径三倍　　　D. 等于或大于灯管直径四倍

(3) 卫生间的天花材料需要具有防潮的功能，其最常采用的材料可能为（　　）。
A. 墙布　　　B. 玻璃　　　C. 铝扣板　　　D. 乳胶漆

(4) 天花布置图通常用（　　）绘制。
A. 平行投影法　　B. 镜像投影法　　C. 中心投影法　　D. 轴测投影法
E. 正投影法

(5) 在建筑装饰工程图中，（　　）以米（m）为尺寸单位。
A. 平面图　　B. 剖面图　　C. 总平面图　　D. 标高
E. 详图

(6) 关于尺寸标注，应该按以下哪些原则进行排列布置？（　　）
A. 尺寸宜标注在图样轮廓以外
B. 互相平行的尺寸线，较小尺寸应离图样轮廓线较远

C．尺寸标注均应清晰，不宜与图线相交或重叠

D．尺寸标注均应清晰，不宜与文字及符号等相交或重叠

E．尺寸标注可以标注在图样轮廓内

（7）直接式顶棚和悬吊式顶棚是按（　　　）分类。

A．顶棚外观　　　　B．结构形式　　　　C．构造不同　　　　D．使用材料

2．实操题

完成天花布置图的绘制。

二维码 4-2　任务四　天花布置图课件资源

二维码 4-3　习题参考答案

建筑装饰施工一体化技能实训

5

任务五　灯具定位图

  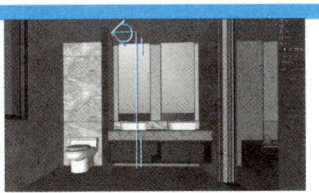 

5.1 教学目标

1. 知识目标
(1) 了解室内各空间灯具的选择；
(2) 熟悉绘制灯具定位图的工作流程；
(3) 掌握灯具定位图绘制步骤和方法。

2. 能力目标
(1) 会根据空间选择合适灯具；
(2) 能够使用 CAD 绘制灯具定位图；
(3) 能按规范要求进行图纸审核。

3. 思政元素
(1) 强调遵守国家法规和行业标准的重要性，培养工程素养；
(2) 培养认真细致、精益求精、一丝不苟的工匠精神；
(3) 强调细节的重要性，培养工匠精神；
(4) 具有工程思维与创新意识。

5.2 任务与分析

1. 任务目的
(1) 掌握通用图库的使用方法；
(2) 掌握绘制过程中使用的工具。

2. 任务分析
吊顶的灯具不仅用作照明，更突出起到装饰的作用。当天花布置图比较复杂，尺寸标注比较密集，影响到制图与读图时，可以将天花布置图拆分为天花造型定位图（只标注造型尺寸）和天花灯具定位图（只标注灯具尺寸）。灯具定位图表达灯具类型、数量、位置及灯光色彩要求等。一般会在绘制好的天花布置图上绘制灯具定位图。

5.3 基础知识

1. 灯具造型的选择
正确选择合适的家居照明不仅要看灯具造型，还要看空间，为家居挑选合适的灯具，要符合一定的要求，见表5-1。

家居空间灯具选择　　　　　　　　　　表5-1

空间名称	需求	色调	灯具
走廊	明朗、舒适	暖色为主，冷色为辅	吸顶灯、小吊灯、射灯、筒灯、灯带

续表

空间名称	需求	色调	灯具
客厅	大气、光线充足	暖色为主，冷色为辅	吊灯、吸顶灯、筒灯、落地灯、壁灯
卧室	安静、柔和温暖	暖色调	吸顶灯、小吊灯、床头灯、壁灯、梳妆台灯组、试衣镜灯组
餐厅	显色性好，能够引起食欲	暖色为主	小吊灯、吸顶灯、筒灯、壁灯
厨房	显色性好，防潮易清洁	冷光为主	平面吸顶灯、局部射灯组、开放厨房小吊灯
卫浴间	要求防水，灯光柔和	暖色调	吸顶灯、洗漱架灯组、壁灯、筒灯、镜前灯

本案例客厅、卧室布置筒灯和三头斗胆灯（格栅灯的一种，因为灯具内胆外形类似"斗"状而得名），餐厅、卫生间布置筒灯和吸顶灯，衣帽间和厨房布置吸顶灯，走廊布置筒灯。

2．灯具定位图的内容

表明顶部灯具的种类、式样、规格、数量及布置形式和尺寸定位。天花布置图上的小型灯具按比例用一个细实线圆表示，大型灯具可按比例画出它的正投影外形轮廓，力求简明概括，并附加文字说明。

5.4 任务实施

1．绘图环境设置

灯具定位图的新建图层设置要求见表 5-2。

图层设置表　　　　　　　　　　　　表5-2

图层名称	颜色	线型	线宽
灯具标注	绿	连续	默认
灯具	32	连续	默认
灯具定位线	黄	连续	默认

注：①新建的图形中一定会有一个名称为"0"的图层，尽量不要在这个图层上绘图，一般在定义图块时我们在这个图层上进行。

②在绘制过程中一般在标注尺寸时，建筑 CAD 会自动生成一个名为"Defpoints"的图层，这个图层中的内容能显示出来但是不会被打印出来，可以利用这个图层绘制辅助线。

③用户可自行创建图层，建筑 CAD 在绘制时会自带图层。

2．绘制灯具定位线

（1）为了绘制方便，打开绘制好的天花布置图后可以把轴网等无关的图层隐藏。启动〖图层特性管理器〗命令（快捷键LA），按空格键执行命令，新建灯具定位线图层，颜色修改为黄色；应用〖直线〗命令（快捷键L）在客厅吊顶横纵向中心位置绘制十字交叉辅助线,作为吊顶中心,如图 5-1 所示。

(2) 启动〖偏移〗命令(快捷键 O),按空格键执行命令,在命令行"指定偏移距离或 [通过(T)/擦除(E)/图层(L)]:"提示下,输入 1520 按 Enter 键;在命令行"选择要偏移对象或 [放弃(U)/退出(E)]:"提示下,选择客厅吊顶竖向辅助线向左右两边偏移各 1520mm,作为三头斗胆灯的定位线,绘制完成后如图 5-2 所示。

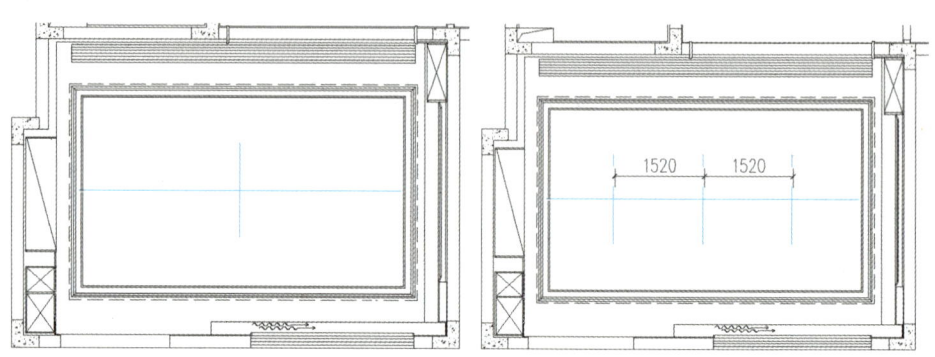

图 5-1 客厅吊顶十字交叉辅助线(左)

图 5-2 客厅吊顶三头斗胆灯的定位线(右)

(3) 启动〖偏移〗命令(快捷键 O),按空格键执行命令,在命令行"指定偏移距离或 [通过(T)/擦除(E)/图层(L)]:"提示下,输入 200 按 Enter 键;在命令行"选择要偏移对象或 [放弃(U)/退出(E)]:"提示下,选择客厅吊顶内侧边缘线向内偏移 200mm,作为筒灯定位线,筒灯定位线横向间距 2455mm,纵向间距 2720mm,其他尺寸标注如图 5-3 所示。

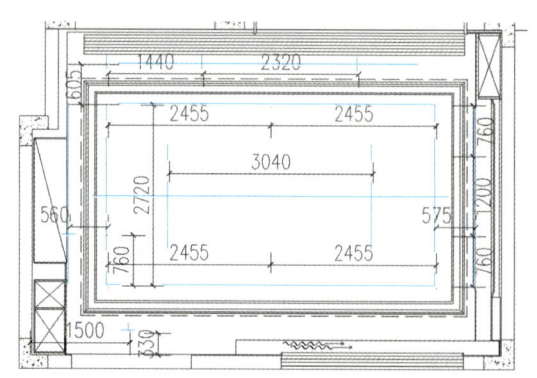

图 5-3 客厅吊顶筒灯定位线

(4) 应用同样的方法绘制其余房间的吊顶定位辅助线,如图 5-4 所示。

3. 选择灯具图块

(1) 将客厅区域放大显示,执行〖图块图案〗→〖图库管理〗命令(快捷键 TKGL),弹出"图库管理"对话框。

(2) 选择〖通用图库〗→〖室内图库〗→〖室内综合图库〗→〖室内设备图例图块〗→〖灯具(平)〗,选择"三头斗胆灯""嵌入式筒灯"插入三头斗胆灯的定位线处和筒灯定位线处,如图 5-5 所示。

二维码 5-1 客厅吊顶灯具定位线绘制视频

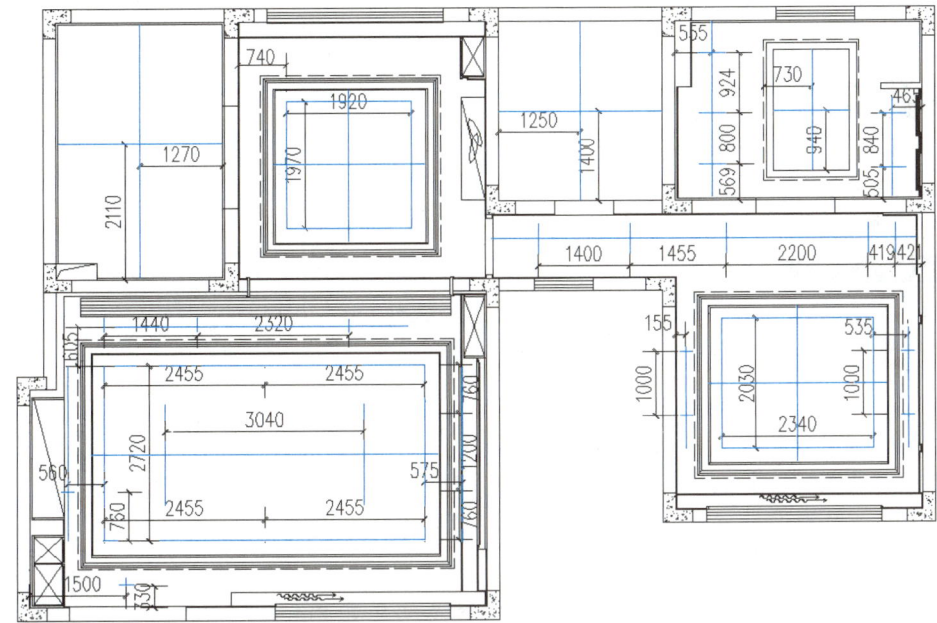

图 5-4 吊顶定位辅助线的绘制

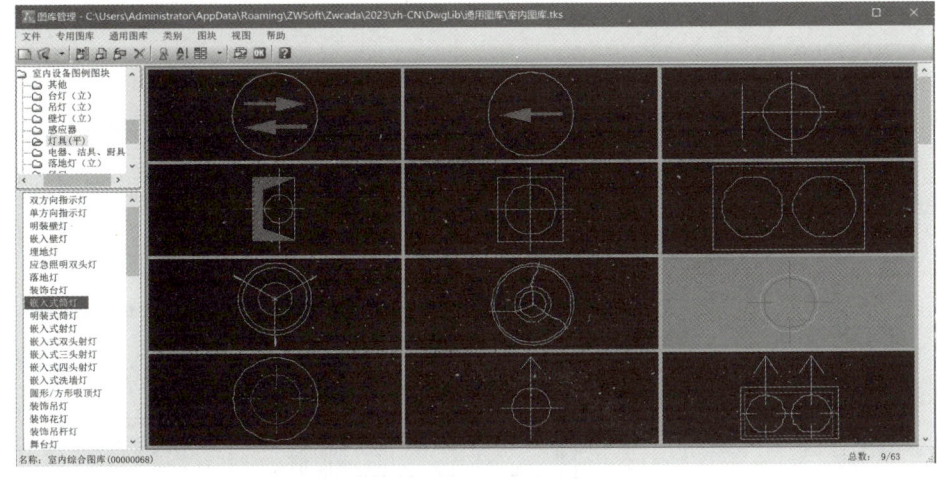

图 5-5 图库灯具插入

(3) 其余房间参照客厅的方式选择合适的灯具图块。

4．放置灯具图块

(1) 启动〖图层特性管理器〗命令（快捷键 LA），按空格键执行命令，新建灯具图层，颜色设置为 32 号色。

(2) 以客厅为例，放大客厅区域，新建灯具图层，为了清晰，将颜色修改为黄色。鼠标左键选择"三头斗胆灯"图块，点击右键，选择"对象编辑"，弹出"图块参数"对话框，去掉"统一比例"勾选，转角：90，点击"输入尺寸"，长度 X：410，宽度 Y：150，如图 5-6 所示。

(3) 在客厅中部布置 2 个"三头斗胆灯"图块，间距 3040mm，如图 5-7 所示。

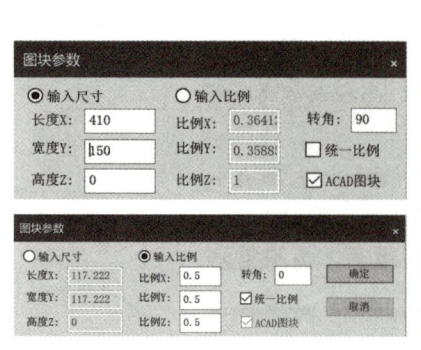
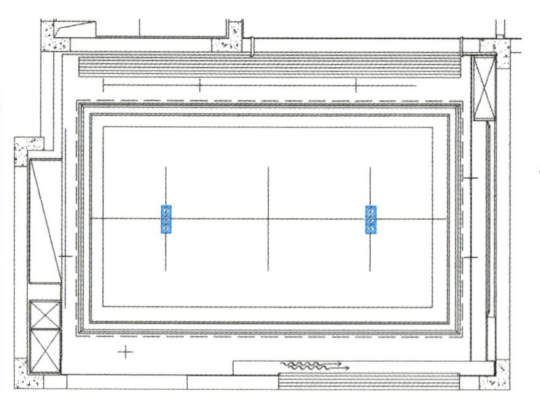

图 5-6 "图块参数"对话框（左上）

图 5-7 客厅"三头斗胆灯"图块布置（右）

图 5-8 图块参数设置（左下）

（4）鼠标左键选择"筒灯"图块，点击右键，选择"对象编辑"，弹出"图块参数"对话框，"图块参数"对话框比例修改为0.5，筒灯图块放置在相应定位线上即可，如图5-8所示。

（5）客厅所有灯具图块放置完成后，隐藏灯具定位线图层，如图5-9所示。

（6）其余房间参照客厅的方式放置灯具图块，如图5-10所示。

图 5-9 客厅灯具图块放置（左）

图 5-10 所有房间灯具布置（右）

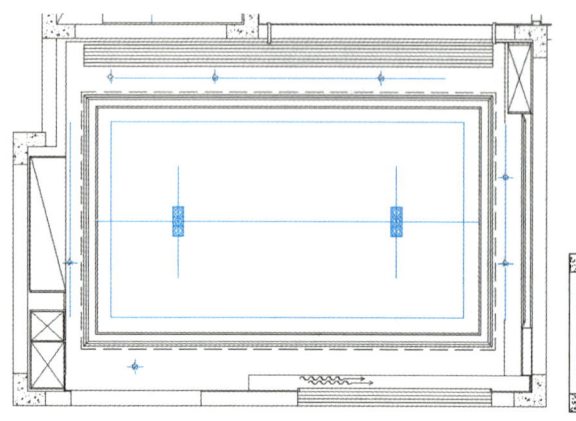
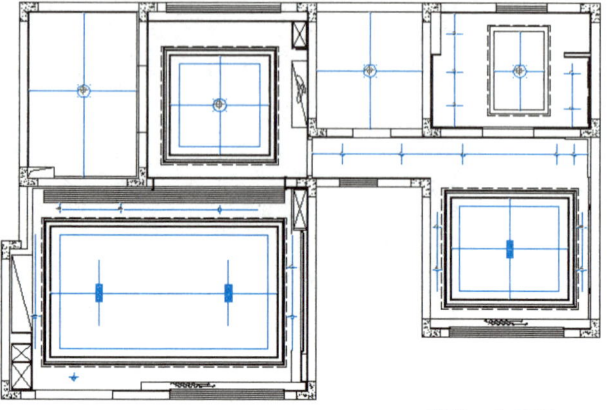

5. 对灯具摆放尺寸进行标注

（1）应用〖逐点标注〗命令（快捷键ZDBZ）绘制标注，对客厅各灯具的摆放尺寸进行尺寸标注，如图5-11所示。

（2）对其余房间灯具摆放尺寸进行标注，如图5-12所示。

二维码 5-2 灯具布置绘制视频

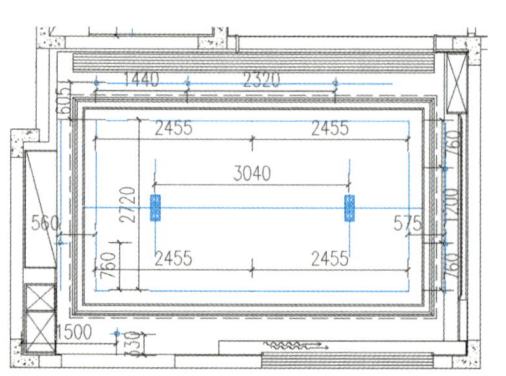

图 5-11 客厅灯具摆放尺寸标注

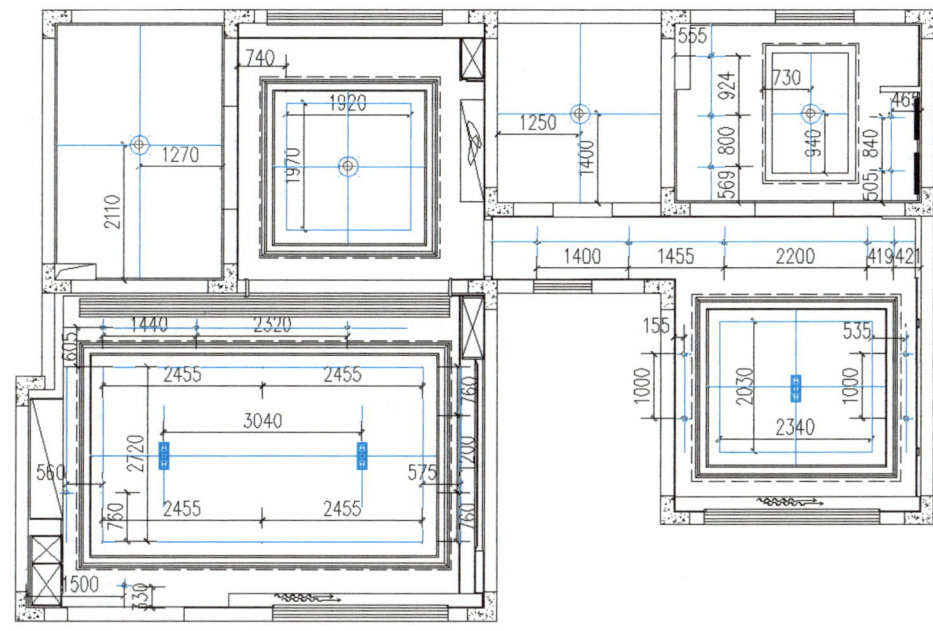

图 5-12 所有房间灯具摆放尺寸标注

5.5 任务评价

任务自评 (20%)	灯具定位图绘制完整	□ 很好	□ 较好	□ 一般	□ 还需努力
	内容表达清晰准确	□ 很好	□ 较好	□ 一般	□ 还需努力
	符合制图规范	□ 很好	□ 较好	□ 一般	□ 还需努力
小组互评 (40%)	灯具定位图绘制整体效果	□ 优	□ 良	□ 中	□ 差
教师评价 (40%)	灯具定位图绘制质量	□ 优	□ 良	□ 中	□ 差

二维码 5-3 灯具摆放尺寸标注绘制视频

5.6 任务小结

5.6.1 通过本次任务熟练掌握以下图形的绘制方法

1. 完成吊顶灯具定位线的绘制。
2. 完成吊顶灯具的布置。
3. 完成吊顶灯具定位图的尺寸标注。

5.6.2 知识及能力测试题

1. 不定项选择题

（1）装饰装修制图中的符号，主要有（　　）。

A. 剖切符号　　　　B. 索引符号

C. 详图符号　　　　D. 引出线、对称符号与连接符号

(2) 中止命令可以按（　　）；确定执行命令可以按（　　）。
A.空格键、Enter 键　　　　　　　B.End 键、空格键
C.Esc 键、Enter 键　　　　　　　D.End 键、Esc 键
(3) T 与 DT 分别代表（　　）和（　　）命令。
A. 单行文字、多行文字　　　　　B. 多行文字、单行文字
C. 引线文字、多行文字　　　　　D. 文字样式、单行文字
(4) 按（　　）键可以从绘图窗口切换到文本窗口内。
A.F1　　　　B.F2　　　　C.F3　　　　D.F4
(5) 对象追踪功能必须配合（　　）功能一起使用。
A. 对象捕捉　　B. 正交　　C. 极轴　　D. 捕捉
(6) 使用下列（　　）命令的图线只能作为辅助线，不能作为图形轮廓线。
A.PL　　　　B.XL　　　　C.ML　　　　D.SPL
(7) 保存文件的快捷键是（　　）。
A.Ctrl+C　　B.Ctrl+S　　C.Ctrl+B　　D.Ctrl+E

二维码5-4　任务五　灯具定位图课件资源

二维码5-5　习题参考答案

2．实操题

完成灯具定位图的绘制。

建筑装饰施工一体化技能实训

6 任务六 强弱电点位图

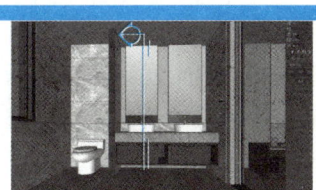

6.1 教学目标

1. 知识目标
(1) 了解强弱电点位图表现的内容；
(2) 熟悉绘制强弱电点位图的工作流程；
(3) 掌握强弱电点位图绘制步骤和方法。

2. 能力目标
(1) 学习使用建筑 CAD 绘制强弱电点位图；
(2) 掌握不同的绘制方法；
(3) 能按规范要求进行图纸审核。

3. 思政元素
(1) 强化质量理念，树立标准化意识；
(2) 培养学生认真细致、精益求精、一丝不苟的工匠精神；
(3) 强调细节的重要性，培养工匠精神；
(4) 具有工程思维与创新意识。

6.2 任务与分析

1. 任务目的
(1) 通过前期设计及效果图绘制出强弱电点位图；
(2) 熟练掌握绘制过程中使用的工具和绘图方法。

2. 任务分析
强弱电点位图绘制是建立在前期设计基础上的，根据设计确定空间中强弱电布置。将所需要的强弱电点位按照设计的要求在装饰平面布置图的基础上表示出来。

6.3 基础知识

1. 强弱电点位图基础知识
(1) 弱电用于信息传递，一般是指直流电路或音频线路、视频线路、网络线路、电话线路，直流电压一般在 32V 以内。家用电器中的电话、电脑、电视机的信号输入（有线电视线路）、音响设备（输出端线路）等用电器均为弱电电气设备。

(2) 强电用作动力能源，指电工领域的电力部分。特点是功率大、电流大、频率低，主要考虑损耗小、效率高的问题。用于生活中各种电器供电。

(3) 插座安装到通风干燥处。厨房、卫生间、露台的插座安装尽可能不靠近水区域。如靠近加防溅盒。

(4) 强弱电点位的高度及位置：

1）插座安装高度一般在插座下边距地面 300mm 高处。如在桌子、柜子附近，应安装在桌面水平面上 150mm。同一墙面的插座尽量安装到同一高度。

2）电视墙上的插座安装要考虑电视安装于墙面还是放在电视柜上，再确定高度。墙面：电视插座距地 1000~1200mm 为宜；放在电视柜上，插座安装高度距地 400mm 为宜，其他影音设备用电插座距地 300mm 处。

3）洗衣机插座距地 1200~1500mm，最好选择带开关三极插座，且宜选择单三极插座。

4）冰箱插座距地 300mm 或 1500mm（根据冰箱位置确定）。空调、排气扇、视频监控插座距地 1900~2000mm。

5）卫生间内电热水器插座设在热水器右侧距地 1800~2000mm，注意不要将插座设在电热水器上方。

6）强弱电之间间距至少 300mm。

7）灯具开关安装高度一般离地 1.2~1.4m（和成年人的肩膀一样高度），且处于同一高度，相差不能超过 5mm。与门框的距离应该是在 10~20cm。假如开关是安装在床头柜位置的话，那么开关离地面的高度应该是 0.7m 左右。

8）所有强弱电点位的安装高度建议以面板的底边为基准。当在同一条纵线上，且上下都有布置面板时，在平面图上图例布置可前后排列表示。

2．强弱电点位图绘制注意事项

(1) 图纸中应该明确各空间位置。

(2) 准确绘制插座样式。

(3) 标注插座高度，如果是新房增排应该与原来点位相同。

(4) 开关高低布置应考虑上下叠放高度。

(5) 标明开关面板数量、样式，正确填写房屋信息。

(6) 厨房设计如果采用非标准定制柜，在图纸上应标注清楚。

(7) 厨房可以在水电施工前让定制厂家出水电定位图。

(8) 各空间应考虑开关插座对未来的影响，以及开关插座的预留情况。

(9) 考虑开关插座对家具的影响。

6.4 任务实施

下文主要介绍强弱电点位图的绘制。

1．绘图环境设置

（1）强弱电点位图新建图层设置要求见表 6-1。

图层设置表　　　　　　　　　　　　　　　表6-1

图层名称	颜色	线型	线宽
插座图例设备－插座位置	青	连续	默认

续表

图层名称	颜色	线型	线宽
插座图例	40	连续	默认
插座图例－图框	青	连续	默认
插座标注	绿	连续	默认

注：①新建的图形中一定会有一个名称为"0"的图层，尽量不要在这个图层上绘图，一般在定义图块时我们在这个图层上进行。

②在绘制过程中一般在标注尺寸时，建筑CAD会自动生成一个名为"Defpoints"的图层，这个图层中的内容能显示出来但是不会被打印出来，可以利用这个图层绘制辅助线。

③用户可自行创建图层，建筑CAD在绘制时会自带图层。

（2）文字样式设置要求

1）汉字：样式名为"汉字"，字体名为"仿宋"，宽度因子为0.7。

2）非汉字：样式名为"非汉字"，字体名为"simplex.shx"，宽度因子为0.7。

3）尺寸标注样式设置：尺寸标注样式名为"标注75"。文字样式选用"非汉字"，箭头大小为1.2mm，文字高度为3mm，基线间距为10mm，尺寸界线偏移尺寸线2mm，尺寸界线偏移原点5mm，使用全局比例为75。主单位单位格式为"小数"，精度为"0"。

（3）比例设定

绘图比例1：1，出图比例1：75。

绘制要求如下，其余未明确部分按现行制图标准绘制。

2. 强弱电点位底图制作

(1) 绘制点位背景图。

1) 应用〖复制〗命令（快捷键CO）选择平面布置图进行复制。

2) 应用〖删除〗命令（快捷键E）删除图中标注，将文字标注、家具尺寸标注及标高删除。

3) 将已复制图纸线型颜色整体改为灰色作为背景图纸使用。按"Ctrl+F"组合键全选图纸，应用〖分解〗命令（快捷键X）分解开图中成块的图形，选择图形修改线型颜色为灰色（颜色251）。注意如还有成块图形不能修改颜色，需要多次选择分解，确保整张图纸颜色都能修改。

4) 双击标题栏图纸名称修改为"强弱电点位图"，注意不要在平面布置图上直接修改，强弱电点位背景图如图6-1所示。

(2) 添加图例并根据前期设计在空间中确定强弱电位置。

依据前期设计并结合各个空间功能，在空间中放置强弱电符号。注意根据功能合理布置强弱电位置，如卫生间、厨房需特殊处理。

强弱电点位图根据前期平面布置图设计结合空间需求布置点位，注意本案例中强电有：五孔插座、地面暗藏插座，均为10A。弱电有：单孔网络插座、双孔网络插座。具体步骤如下所示。

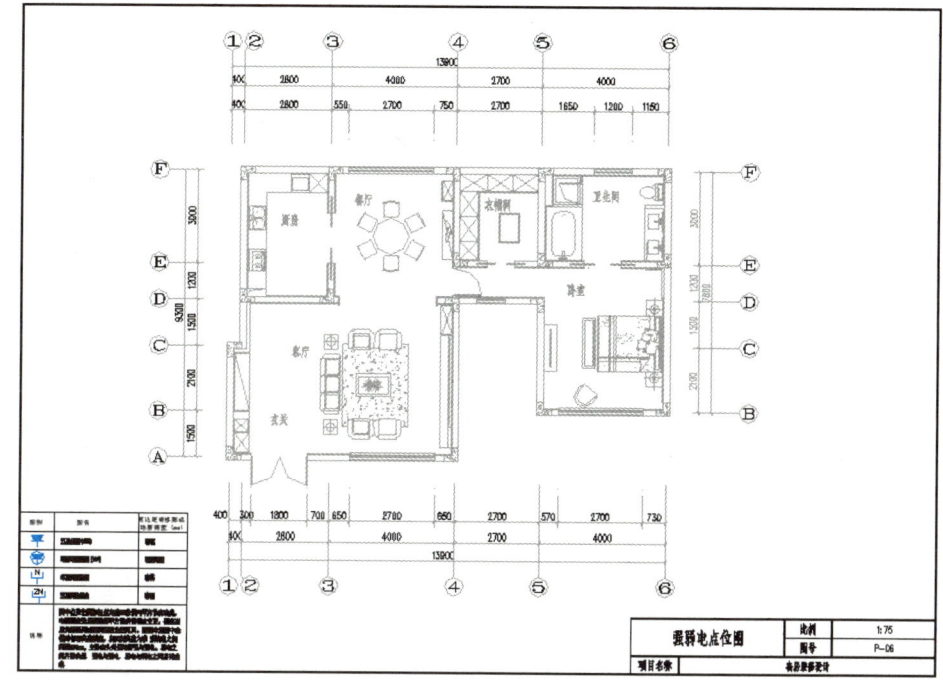

图 6-1 强弱电点位背景图

> 注：本案例选用中央空调，室内未设置空调插座位置。

（3）绘制表格，并导入插座图例。结合空间特点将所需插座图例导入，如图 6-2 所示。

3. 根据空间特点合理放置插座

（1）客厅空间电视背景墙中心位置设置 3 个五孔插座、1 个双孔网络插座，高度为 1.0~1.2m。沙发两边茶几下设置地面插座。玄关柜设置 1 个五孔插座、1 个单孔网络插座，高度均为 1.2m。入户门右侧墙上预留 1 个五孔插座用于扫地机，高度为 0.3m，如图 6-3 所示。

图例	图名	底边距装修完成地面高度（mm）
	五孔插座(10A)	暗装
	地面暗藏插座(10A)	暗装地面
N	单孔网络插座	暗装
2N	双孔网络插座	暗装
说明	图中点位仍需根据所订成品家具同甲方协商确定，电源插座数量须根据甲方需求做相应变更。插座高度为装修完成面到插座盒底距离，以图例高度为准。强弱电之间间距150mm，主卧床头背景墙开关与强电、弱电之间并排安装，强电与强电，弱电与弱电之间并排安装。	

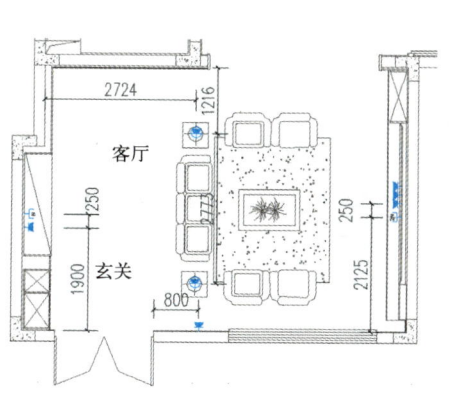

图 6-2 插座图例（左）
图 6-3 客厅插座位置（右）

任务六 强弱电点位图

(2) 餐边柜柜面上设置 1 个五孔插座、1 个单孔网络插座，高度均为 1.2m，如图 6-4 所示。

(3) 主卧左侧床头柜上设置 2 个五孔插座、1 个单孔网络插座，右侧床头柜上设置 2 个五孔插座，高度均为 0.7m。电视柜上设置 3 个五孔插座、1 个双孔网络插座，高度均为 1.0~1.2m，如图 6-5 所示。

(4) 卫生间洗手盆右侧墙上设置 1 个防溅插座，高度为 1.4m，马桶右侧 1 个防溅插座，高度为 0.5m，如图 6-6 所示。

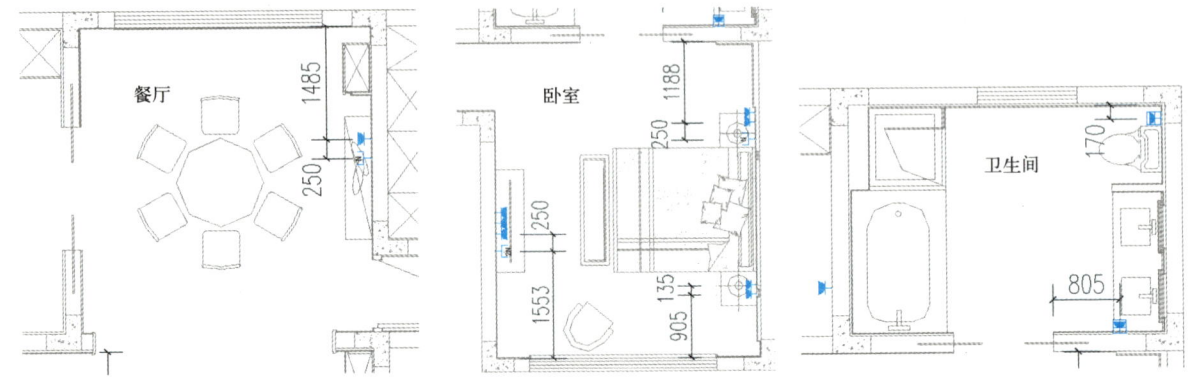

图 6-4 餐边柜插座位置（左）

图 6-5 主卧插座位置（中）

图 6-6 卫生间插座位置（右）

(5) 插座位置图如图 6-7 所示。

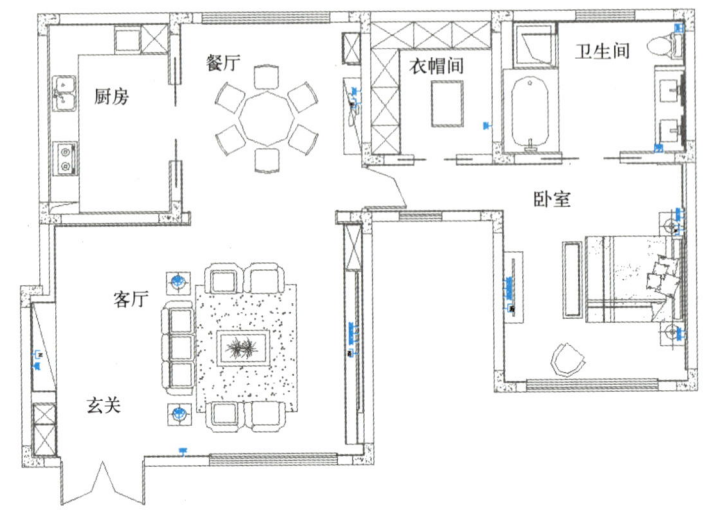

图 6-7 确定插座位置

4．绘制插座标注

（1）绘制尺寸标注

启动〖逐点标注〗命令（快捷键 ZDBZ），标注入口处五孔插座距离墙体的间距为 1900mm，标注五孔插座和单孔网络的距离为 250mm；标注时在空间中以就近原则选择参照物进行标注；注意标注时以插座中心进行标注，选择参照物时应选固定物体，如墙体或是洞口，依次完成客厅强弱电点位图的标注，继续执行〖逐点标注〗（快捷键 ZDBZ）命令，以同样的方法完成其他空间的强弱电点位图的标注，如图 6-8 所示。

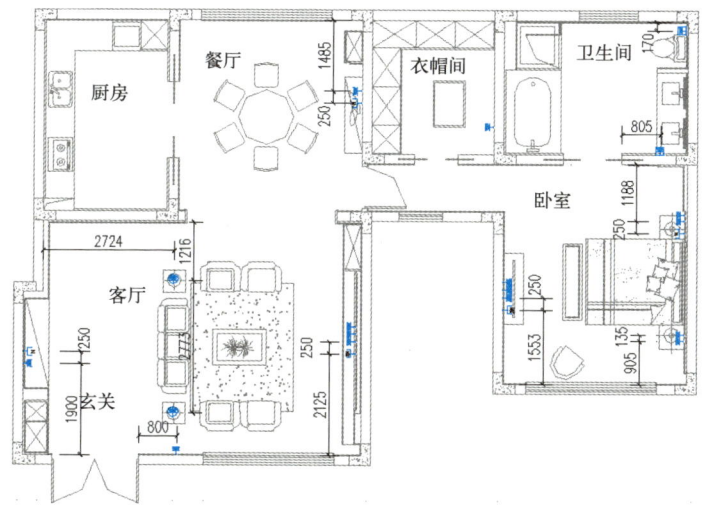

图 6-8 插座位置标注

（2）引线标注

应用〖引出标注〗命令（快捷键 YCBZ），标注出插座的高度（文字标注样式同平面布置图），如图 6-9 所示。

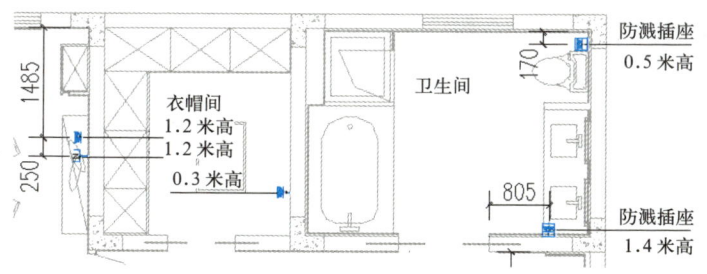

图 6-9 衣帽间和卫生间文字标注

应用同样方法完成文字标注，如图 6-10 所示，以固定墙体为依据，标注出各空间强弱电的位置及高度。注意功能不同，位置及高度的不同。

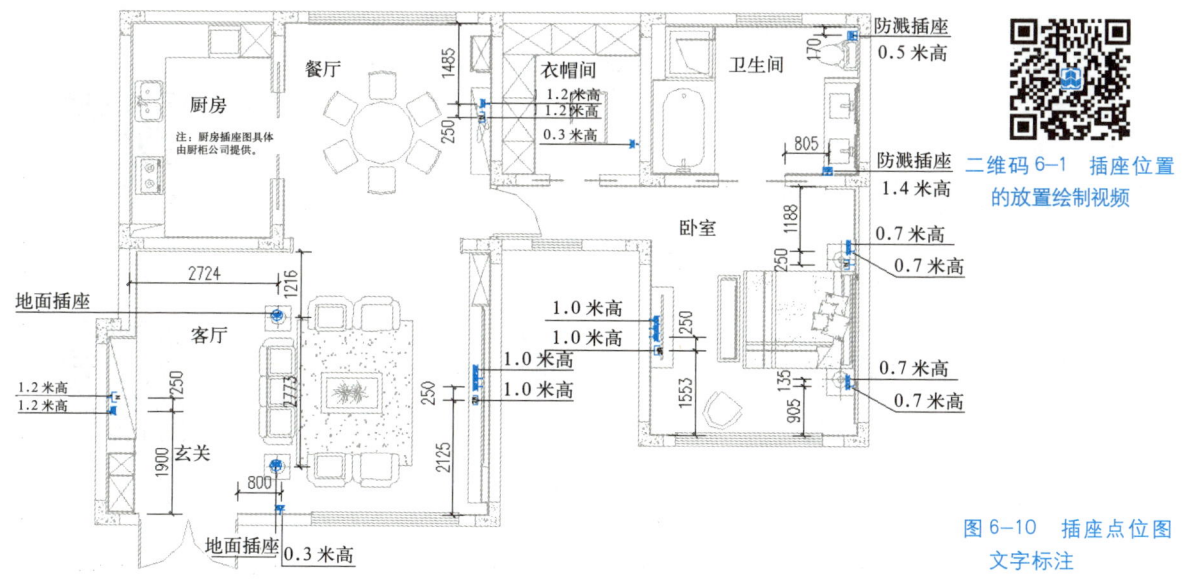

二维码 6-1 插座位置的放置绘制视频

图 6-10 插座点位图文字标注

任务六 强弱电点位图

5. 开关布置图的绘制

复制天花布置图参考强弱电点位图完成开关布置图的绘制。

6.5 任务评价

任务自评 (20%)	强弱电点位图绘制完整	□ 很好	□ 较好	□ 一般	□ 还需努力
	内容表达清晰准确	□ 很好	□ 较好	□ 一般	□ 还需努力
	符合制图规范	□ 很好	□ 较好	□ 一般	□ 还需努力
小组互评 (40%)	强弱电点位图绘制整体效果	□ 优	□ 良	□ 中	□ 差
教师评价 (40%)	强弱电点位图绘制质量	□ 优	□ 良	□ 中	□ 差

6.6 任务小结

6.6.1 通过本次任务熟练掌握以下图形的绘制方法

1. 根据平面布置图空间特点合理放置插座。
2. 完成强弱电点位图的布置。
3. 完成强弱电点位图的尺寸标注。

6.6.2 知识及能力测试题

1. 单项选择题

(1) 强弱电线并排铺设间距要大于（　　）。
A．30cm　　　　B．40cm　　　　C．50cm　　　　D．60cm

(2) 插座距地高度为（　　）以上。
A．30cm　　　　B．40cm　　　　C．50cm　　　　D．60cm

(3) 挂壁式空调插座适宜离地（　　）。
A．1m　　　　　B．1.2cm　　　　C．2m　　　　　D．2.5m

(4) 电线与暖气、热水、煤气管之间的平行距离不应小于（　　）。
A．100mm　　　B．200mm　　　C．300mm　　　D．400mm

(5) 厨房、卫生间暗盒要凸起墙面（　　）。
A．5mm　　　　B．10mm　　　　C．15mm　　　　D．20mm

(6) 管内导线总截面面积要小于保护管截面面积的（　　）。
A．10%　　　　B．20%　　　　C．30%　　　　D．40%

2. 实操题

完成强弱电点位图的绘制。

二维码6-2 任务六 强弱电点位图课件资源

二维码6-3 习题参考答案

建筑装饰施工一体化技能实训

7

任务七　立面图

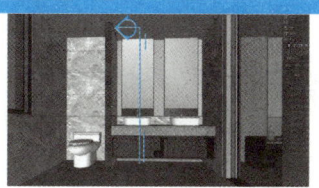

7.1 教学目标

1. 知识目标
(1) 掌握立面图的绘图内容;
(2) 掌握立面图绘制步骤和方法;
(3) 掌握立面造型与顶面、地面衔接关系及处理方式;
(4) 熟练、独立完成室内立面图的绘制。

2. 能力目标
(1) 会使用建筑 CAD 软件绘制立面主要造型线;
(2) 会使用建筑 CAD 软件绘制立面细部构造线;
(3) 会使用建筑 CAD 软件绘制立面尺寸标注和材料说明;
(4) 会使用建筑 CAD 软件布局立面图纸排版标注与输出打印;
(5) 能按规范要求进行图纸审核。

3. 思政元素
(1) 培养严谨、精益求精的敬业态度;
(2) 培养在设计过程中以人为本的职业素养;
(3) 培养分析问题、发现问题、用创新的思维去解决问题的职业素养;
(4) 具有工程思维与创新意识。

7.2 任务与分析

1. 任务目的
(1) 通过方案效果图、三维模型及有关附件、平面系统图(包括原始平面图、平面布置图、地面铺装图、天花布置图和强弱电点位布置图等)绘制出立面图。
(2) 熟练掌握绘制过程中使用的工具和绘图方法。
(3) 掌握绘制和阅读建筑装饰立面图样的方法和步骤。

2. 任务分析
(1) 根据任务书、三维模型及有关附件,完成装饰立面图设计;其中包括餐厅立面图、卫生间立面图设计。施工图设计满足有关规范的要求,构造合理,表达清晰,符合任务书要求。
(2) 该部分需要提交的成果文件包括指定的剖立面图(立面图)。

7.3 基础知识

1. 立面图的概念
立面图是以三维效果图和平面布置图、天花布置图为基础,按正投影投射不同方向绘制房间立面内部图,从立面视角表达室内的造型、尺寸、材料等设计信息。主要反映房间立面装饰情况，通常包括四个立面。

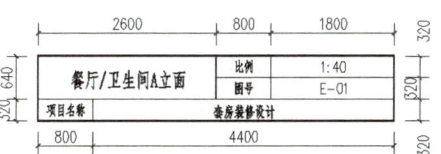

图 7-1 标题栏示意

2．说明

(1) 文字注释样式设置：文字样式名为"汉字"，字体名为"仿宋"，宽度因子为 0.7。

(2) 尺寸标注数字设置：字体名为"simplex.shx"，宽度因子为 0.7。

(3) 自行选用合适的图幅，从建筑 CAD 软件中调用，选用默认图框和标题栏，标题栏可进行修改绘制如图 7-1 所示。

(4) 图纸编号

图纸编号：立面图采用"E-××"，"××"为阿拉伯数字，如第 1 张立面图，图纸编号"E-01"。

3．立面图绘制内容

立面图绘制内容包括以下几点：

(1) 展示墙、地、顶面的具体样式。

(2) 标注出不同区域的材料。

(3) 各部分尺寸要标注清晰，包括一些墙面拼花等内容。

(4) 立面标高要标注好重点的几个施工位置。

(5) 轴线要与平面图中的位置相对应。

(6) 大样图或节点剖面图的位置要标注清晰。

(7) 门、窗、梁、墙等结构要准确绘制出。

(8) 家具及电器可用虚线在立面图中绘制出。

(9) 墙面造型中涉及的分缝等与施工工艺相关的内容需准确表达。

(10) 各空间的踢脚线需准确绘制出。

4．立面图绘制流程

立面图绘制流程如下：

（1）立面框架绘制

通过平面布置图、天花布置图、地面铺装图等确定该空间的整体框架，对应轴线去绘制立面图是较为稳妥且不易出错的办法，如墙体的位置与尺寸，地面、天花的高度，梁等结构方面的信息都可以根据轴线位置进行绘制。绘制出立面图上建筑结构信息以及部分装饰信息，同时确定图纸比例。

（2）立面框架填充与天花剖面绘制

确认好整体框架位置后，根据剖切和完成面的情况，填充立面中的墙体、天花及地面，而且天花的造型在绘制时要考虑到一些具体尺寸，比如暗藏灯带的位置、窗帘盒的具体尺寸以及窗户在立面中的画法等，并将窗帘、灯具等相关造型绘制上去。

（3）立面造型绘制

在立面框架的基础上，结合设计方案，绘制完成立面图上的其他内容。确认空间中门、通道以及其他墙面装饰的位置和尺寸，根据设计对墙面的面层材料进行合理分缝、填充，形成相应的图案。最后再将家具及一些装饰绿植或装饰画等图块填充进去，完成整个立面的基本绘制。

（4）立面标注成图

立面造型绘制完成后，应对图纸进行尺寸和材料的标注。最终在立面图中完成轴线、轴号、尺寸标注、材质标注、剖面索引及大样图索引等标注性内容的绘制，在需要特殊说明的位置标注应有的文字，即可完成立面图的绘制。

7.4 任务实施

1. 立面图绘制环境设置

应用〖图层〗命令（快捷键LA）进行立面新建图层设置，设置图层名称、颜色、线型、线宽、透明度等，线型和线宽应符合建筑制图国家标准要求，新建图层见表7-1。

图层设置表　　　　　　　　　　　　　　表7-1

图层名称	颜色	线型	线宽
立面造型线	4	连续	默认
立面细线	135	连续	默认
标注	3	连续	默认
立面顶棚截面层	7	连续	默认
立面顶棚造型线	7	连续	默认
灯具	32	连续	默认
立面顶棚看线	8	连续	默认
立面门窗	151	连续	默认
地面完成面	4	连续	默认
墙面完成面	4	连续	默认
家具	30	连续	默认
填充	8	连续	默认

注：①新建的图形中一定会有一个名称为"0"的图层，尽量不要在这个图层上绘图，一般在定义图块时我们在这个图层上进行。

②在绘制过程中一般在标注尺寸时，建筑CAD会自动生成一个名为"Defpoints"的图层，这个图层中的内容能显示出来但是不会被打印出来，可以利用这个图层绘制辅助线。

③用户可自行创建图层，建筑CAD在绘制时会自带图层。

2. 平面图边界截取

（1）应用〖复制〗命令（快捷键CO）选择平面布置图进行复制。

（2）启动〖创建块〗命令（快捷键B），按空格键执行命令，打开"块定义"对话框，如图7-2所示；对话框设置名称为"001"，点击选择对象，选择平面布置图，按Enter键返回对话框，点击"确定"完成平面布置图的块定义。

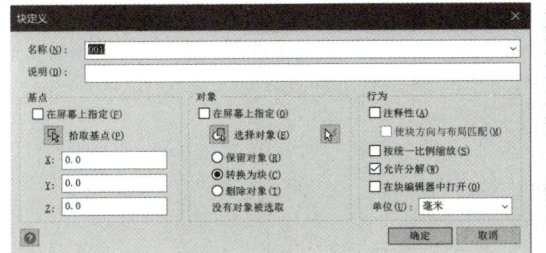 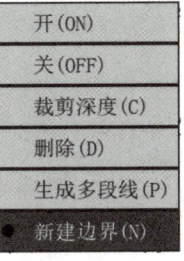 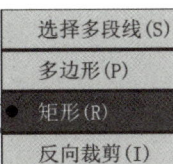

图 7-2 "块定义"对话框（左）

图 7-3 新建边界选项（中）

图 7-4 创建矩形边界框（右）

启动〖图块剪裁〗命令（快捷键 XC），按空格键执行命令，在命令行"选择对象"提示下，选择平面布置图图块，按 Enter 键确认；在命令行"输入选项 [开（ON）／关（OFF）／裁剪深度（C）／删除（D）／生成多段线（P）／新建边界（N）]＜新建边界＞："提示下，选择新建边界，如图 7-3 所示；在命令行"输入选项 [选择多段线（S）／多边形（P）／矩形（R）／反向裁剪（I）]＜矩形＞："提示下，选择矩形，如图 7-4 所示；在命令行"指定第一个角点"提示下，选择立面索引图左上方角点，提示"指定对角点"时选择合适的对角点，点击鼠标左键，沿着原绘制矩形位置绘制矩形，其他部分将会被隐藏，绘制后如图 7-5 所示。

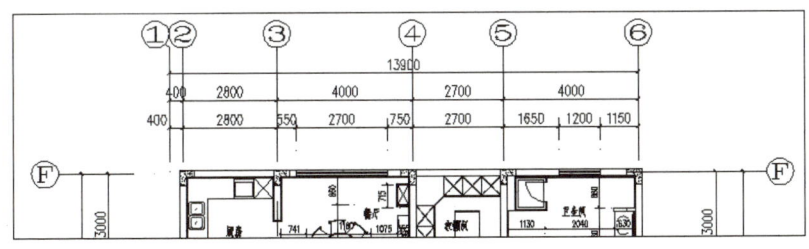

图 7-5 矩形裁剪图形

3．立面图绘制

（1）绘制楼板辅助线

根据平面系统图中的平面布置图、天花布置图及立面索引图绘制出立面楼板位置。根据任务书及所提供的三维模型（见二维码 7-1），可知层高为 3600mm，楼板厚度为 120mm，进而根据平面图绘制楼板辅助尺寸。

应用〖直线〗命令（快捷键 L）绘制辅助线。应用〖偏移〗命令（快捷键 O）偏移 3600mm，绘制完成后如图 7-6 所示。

二维码 7-1 三维模型截图及有关附件

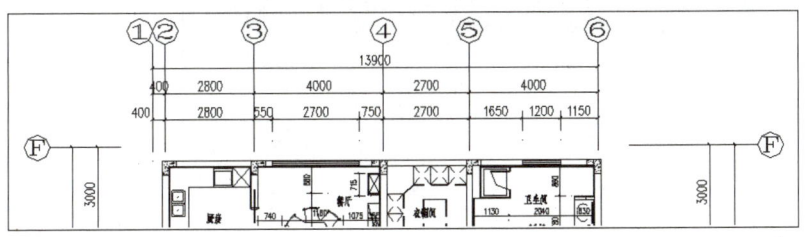

图 7-6 绘制楼层辅助线

任务七　立面图　79

（2）墙体定位轴线绘制

方法一：启动〖绘制轴网〗命令（快捷键HZZW），打开"绘制轴网"对话框，依次点击上开，输入2800、4000、2700、4000，如图7-7所示。

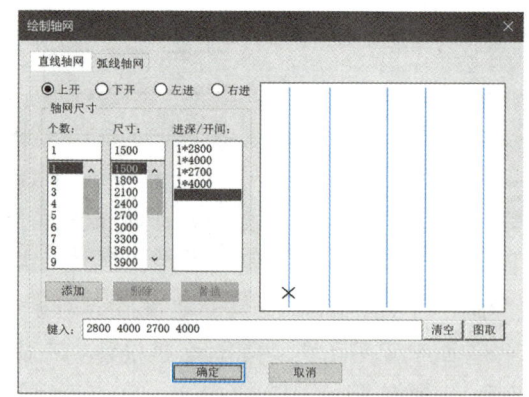

图7-7 "绘制轴网"对话框

方法二：启动〖构造线〗命令（快捷键XL），按空格键执行命令，在命令行"指定构造线位置或[等分(B)/水平(H)/竖直(V)/角度(A)/偏移(O)]:"提示下，选择竖直，在立面索引图的轴线处，绘制墙体辅助线，按空格键结束命令，修改墙体辅助线至轴网图层，应用〖修剪〗命令（快捷键TR）剪切多余线段，注意：层高为3600mm，楼板厚度为120mm，卫生间楼板与其他空间楼板相差50mm，根据平面图剪切卫生间上下楼板线段，往下偏移50mm，如图7-8所示。

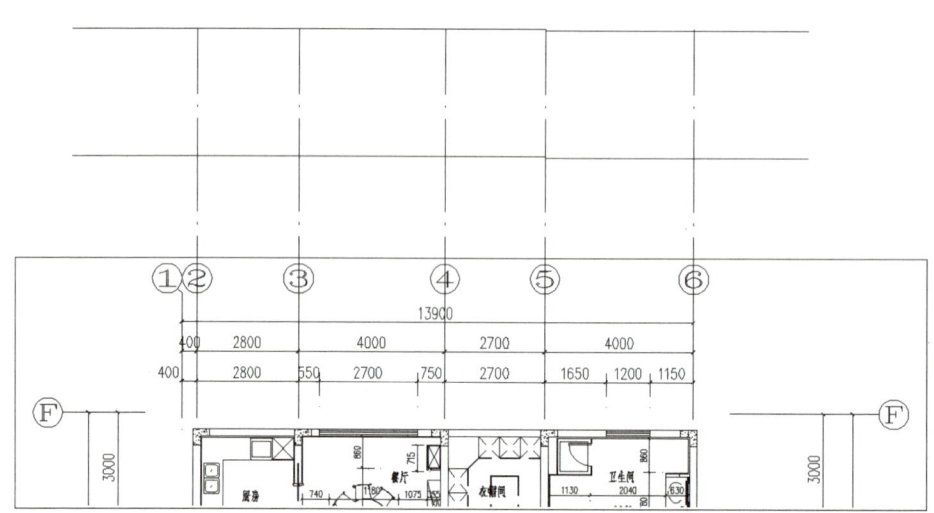

图7-8 墙体定位轴线绘制

（3）绘制楼板面

应用〖创建墙梁〗命令（快捷键CJQL），打开"墙体设置"对话框，如图7-9所示，设置梁宽120mm，左宽为0mm，右宽为120mm，材料为"钢砼墙"。选择定位轴线与楼板辅助线交点绘制楼板面，绘制完如图7-10所示。

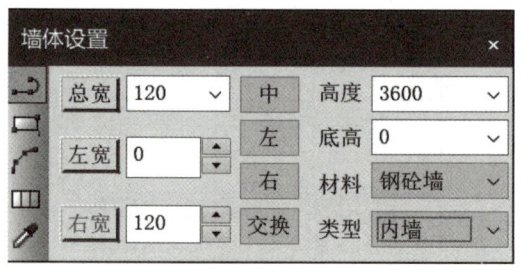

图7-9 "墙体设置"对话框

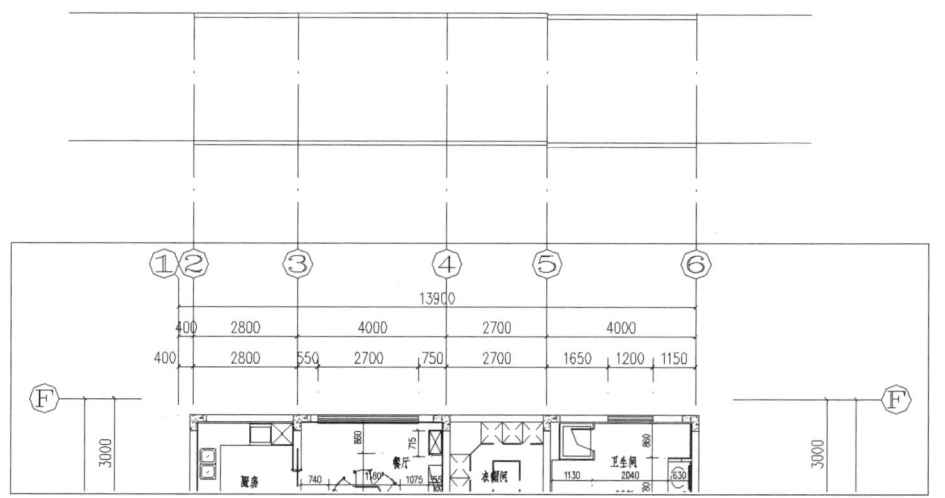

二维码 7-2 楼板面绘制视频

图 7-10 楼板面绘制

（4）确定梁位

根据任务书及三维模型确定梁高为 500mm，启动〖创建墙梁〗命令（快捷键 CJQL），按空格键执行命令，打开"墙体设置"对话框，设置梁宽 200mm，左宽为 100mm，右宽为 100mm，

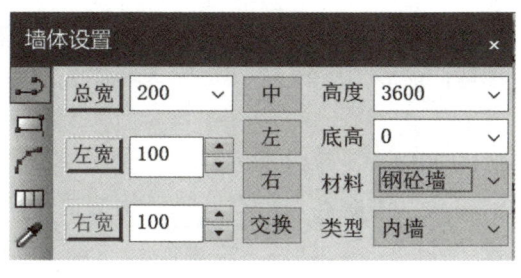

图 7-11 "墙体设置"对话框

材料为"钢砼墙"，如图 7-11 所示。选择定位轴线与楼板辅助线交点绘制梁，并应用〖复制〗命令（快捷键 CO）绘制所有框架梁，绘制完成后如图 7-12 所示。

（5）绘制墙线

启动〖偏移〗命令（快捷键 O），按空格键执行命令，在命令行"指定偏移距离或 [通过（T）／擦除（E）／图层（L）]＜通过＞："提示下，选择墙

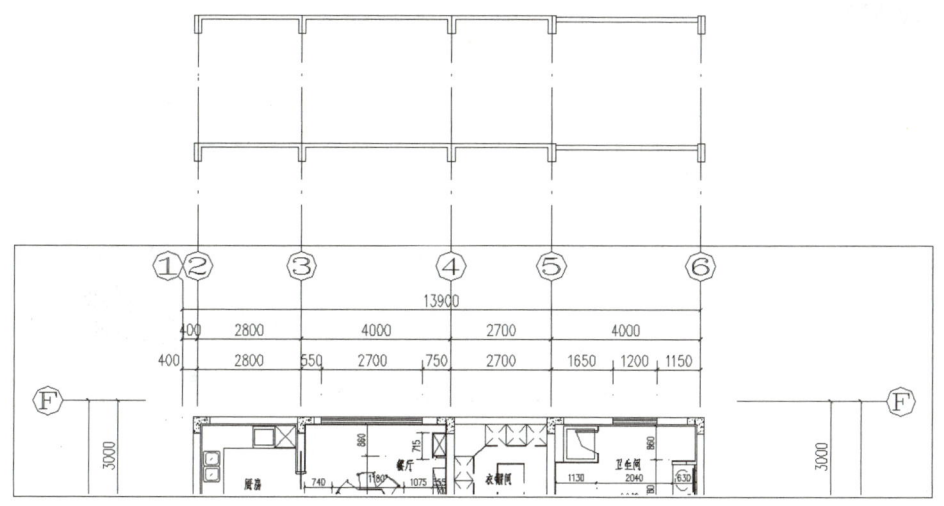

图 7-12 绘制梁

任务七 立面图 81

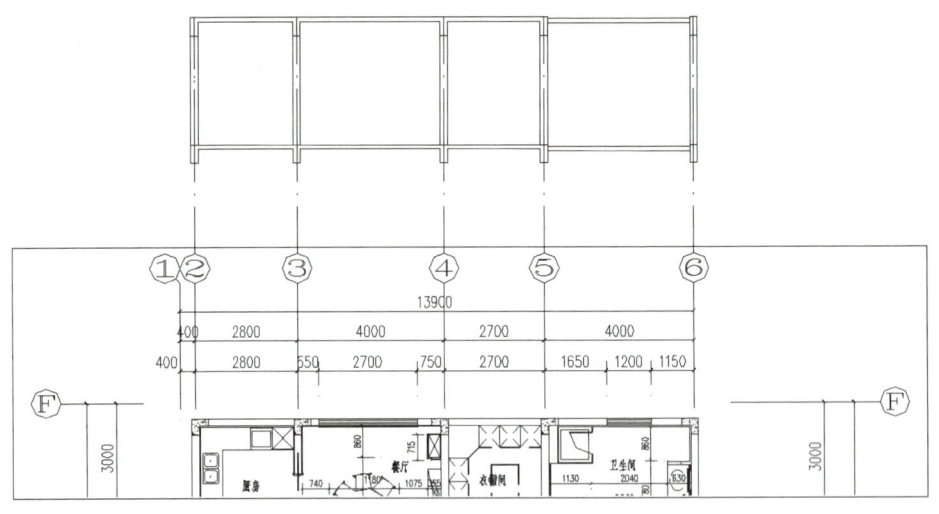

图 7-13 绘制墙线

体辅助线左右两边各偏移100mm，按空格键结束命令，绘制出墙体线，修改至墙线图层。应用〖修剪〗命令（快捷键TR）完成墙体线的绘制。绘制完成后如图7-13所示。

（6）轴网标注

启动〖轴网标注〗命令（快捷键ZWBZ），按空格键执行命令，打开"轴网标注"对话框，如图7-14所示。选择"单侧标注"，起始轴号"2"，在命令行"请选择起始轴线＜退出＞："提示下，选择起始轴网进行标注，按空格键结束命令，如图7-15所示。

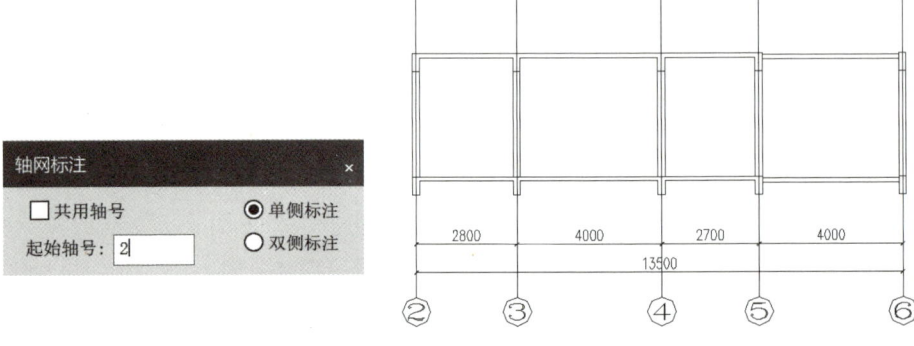

图 7-14 "轴网标注"对话框（左）

图 7-15 轴网标注（右）

4．立面主要轮廓线绘制

（1）天花轮廓线

1) 应用〖复制〗命令（快捷键CO）复制一份天花布置图。

2) 应用〖创建图块〗命令（快捷键B）创建天花布置图图块。

3) 应用〖裁剪—外部参照〗命令（快捷键XC）对天花布置图进行裁剪，创建边界如图7-16所示。

二维码7-3 梁、墙及轴网标注绘制视频

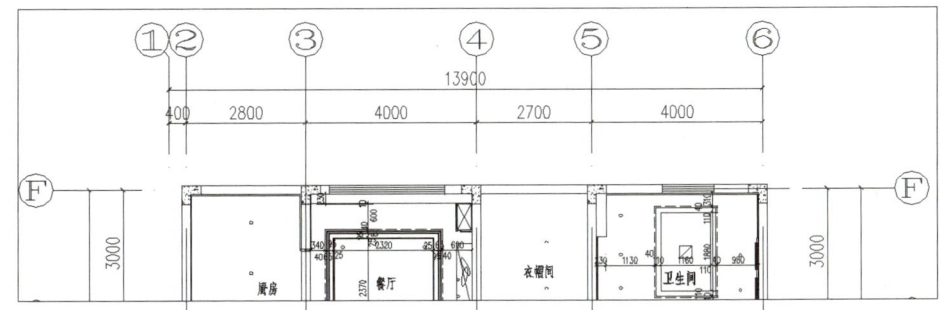

图 7-16 天花布置图裁剪

4）应用〖构造线〗命令（快捷键 XL）绘制天花平面轮廓辅助线到立面图中。

5）应用〖偏移〗命令（快捷键 O）、〖修剪〗命令（快捷键 TR）并根据天花布置图的标高偏移出吊顶截面轮廓线（餐厅跌级天花布置图的标高依次为 3.225m、3.170m、2.900m，卫生间跌级天花布置图的标高依次为 2.710m、2.730m、2.480m），修改图层调整到"立顶截面层"。绘制吊顶造型投影线，修改图层调整到"立顶看线层"，如图 7-17 所示。

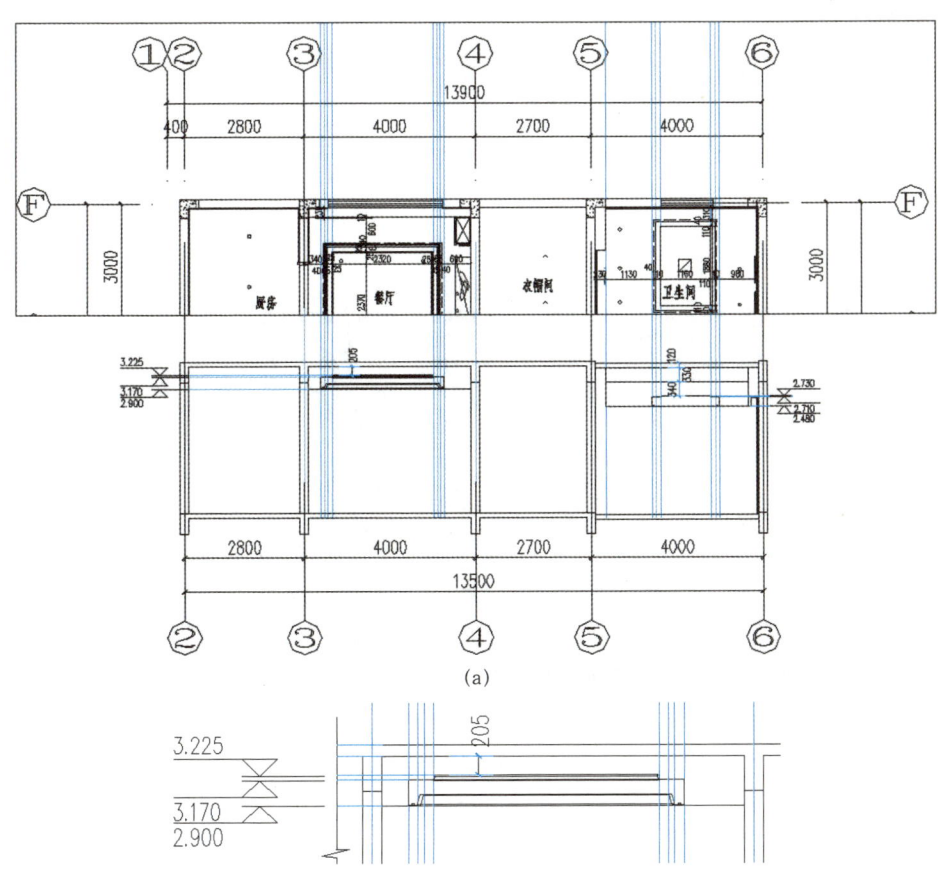

二维码 7-4 灯具和收口角线图形

二维码 7-5 灯具和收口角线绘制视频

图 7-17 顶面造型线
(a) 顶面造型线辅助线绘制；(b) 餐厅吊顶造型线截图；

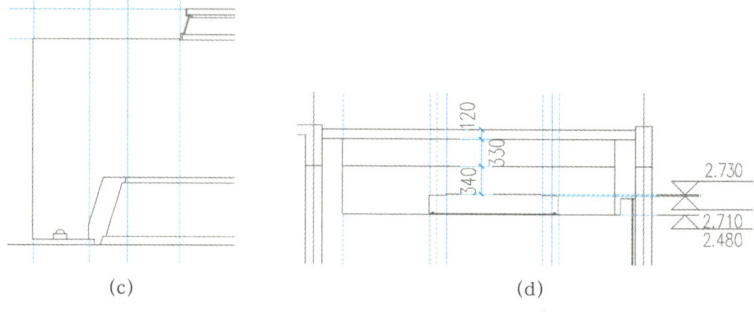

图 7-17 顶面造型线（续）

(c) 餐厅吊顶造型角线示意图；(d) 卫生间吊顶造型线截图

特别提示：

灯具和收口角线可用图库插入。

（2）绘制建筑窗、隔断、立面地面与墙面完成线

地面完成面尺寸为50mm，墙面完成面尺寸为40mm，应用〖偏移〗命令（快捷键O）进行完成面绘制，应用〖矩形〗命令（快捷键REC）和〖偏移〗命令（快捷键O）等完成建筑窗与卫生间隔断的绘制，标注尺寸如图7-18(a)、图7-18(b)所示，绘制完成后如图7-18(c)所示。

5. 立面细部构造线及立面填充

根据效果图及三维模型，调整图层线型、颜色，绘制餐厅窗户内部造型线、地面完成面、踢脚线立面及剖切面，填充窗户内部、墙面壁纸。

根据卫生间瓷砖800mm×400mm绘制分割线，并填充石材图例，需注意纹理方向，如图7-19所示。

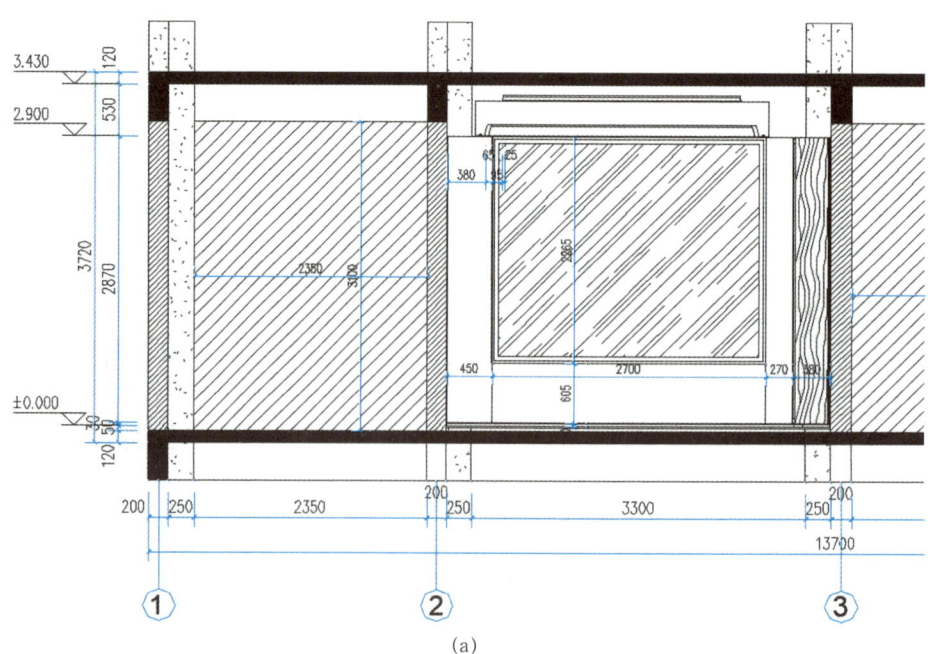

图 7-18 标注内部尺寸

(a) ②-③轴内尺寸示意图；

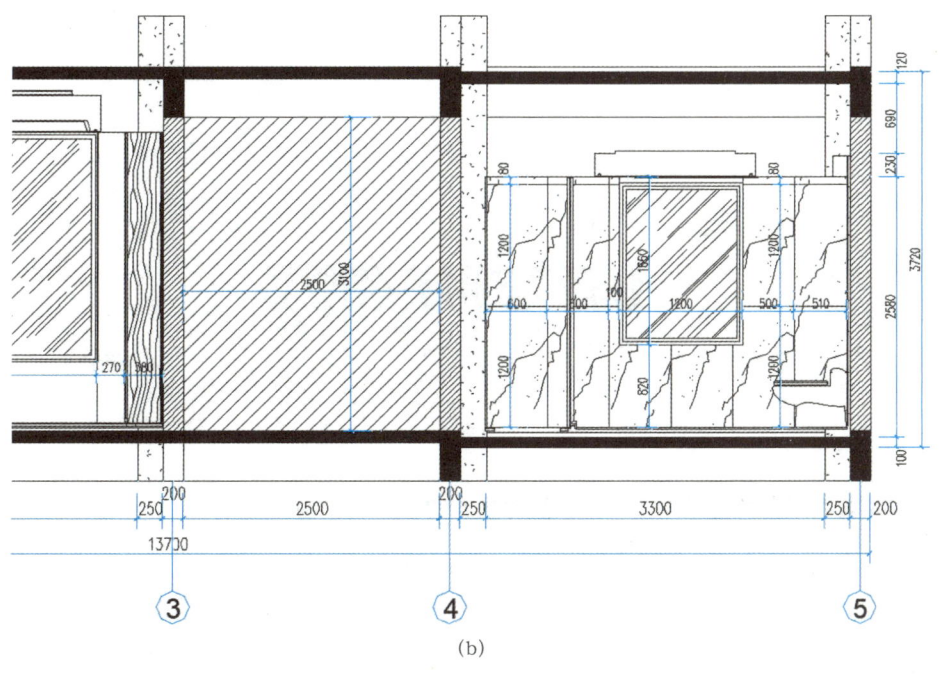

二维码7-6 建筑窗、隔断、立面地面与墙面完成线绘制视频

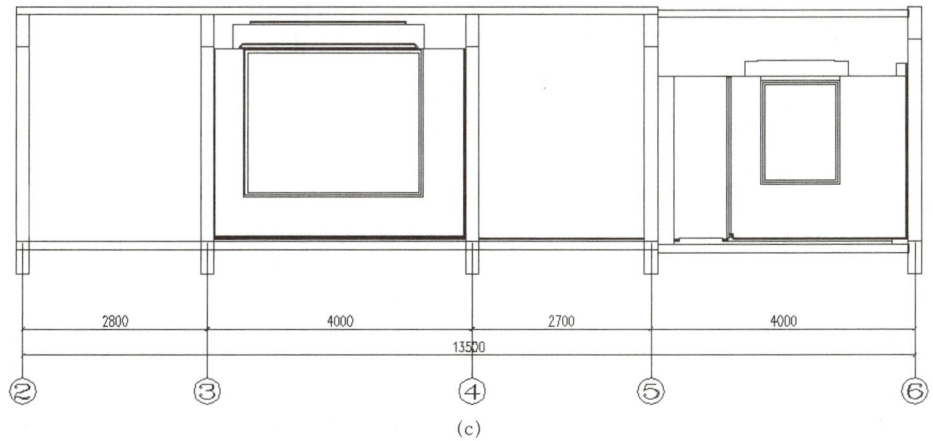

二维码7-7 立面细部构造线及立面填充绘制视频

图7-18 标注内部尺寸（续）

(b) ④—⑤轴内部尺寸示意图；(c) 绘制建筑窗及地面与墙面完成线

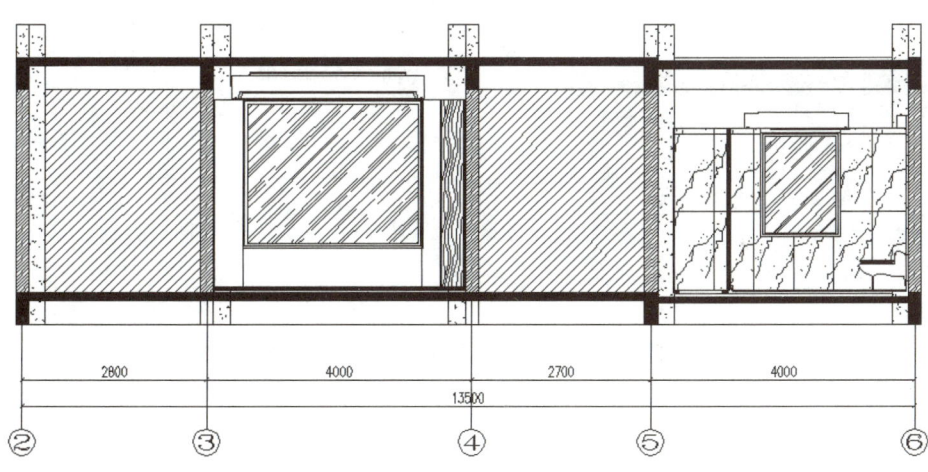

图7-19 立面细部构造线及立面填充

> **特别提示：**
> 厨房和衣帽间柜子为定制，立面图中不做绘制。

6. 立面标注流程

（1）外部轮廓标注

应用〖逐点标注〗命令（快捷键 ZDBZ）绘制尺寸标注，如图 7-20 所示，点击鼠标左键绘制外轮廓立面标注，如图 7-21 所示。

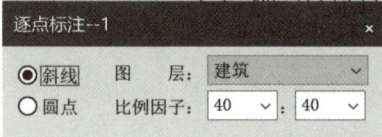

图 7-20 "逐点标注"对话框

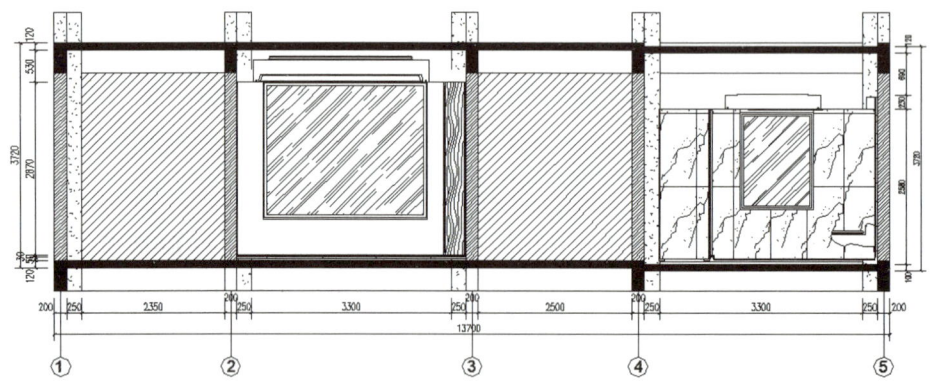

图 7-21 绘制外轮廓立面标注

绘制立面标高，启用〖标高标注〗命令（快捷键 BGBZ），按空格键执行命令，调整出图比例为 1 : 40，打开对话框如图 7-22 所示，点击左键在合适的位置绘制标高，默认状态下，标高为 ±0.000，复制标高，到吊顶底板和楼板底层，应用〖标高检查〗命令（快捷键 BGJC），选择第一个标高为基点，框选上面两个标高，输入纠正标高快捷键 A，即可绘制出正确的标高数值，如图 7-23 所示。

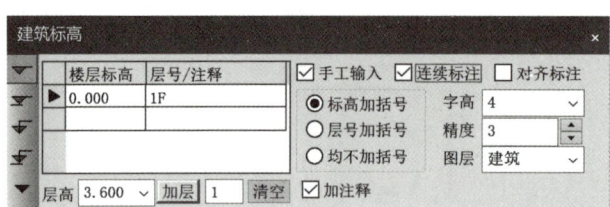

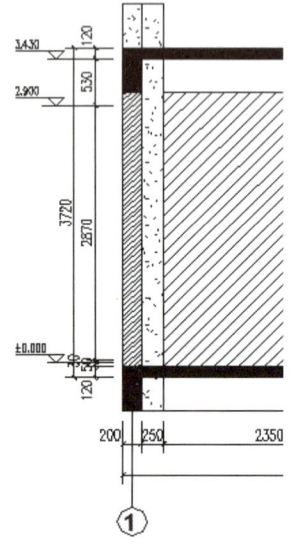

图 7-22 "建筑标高"对话框（左）

图 7-23 标高标注绘制（右）

（2）内部细节标注

绘制内部细节尺寸，启动〖逐点标注〗命令（快捷键 ZDBZ），调整出图比例为 1 : 40，绘制餐厅窗户尺寸标注、卫生间窗户及瓷砖尺寸标注，如图 7-24 所示。

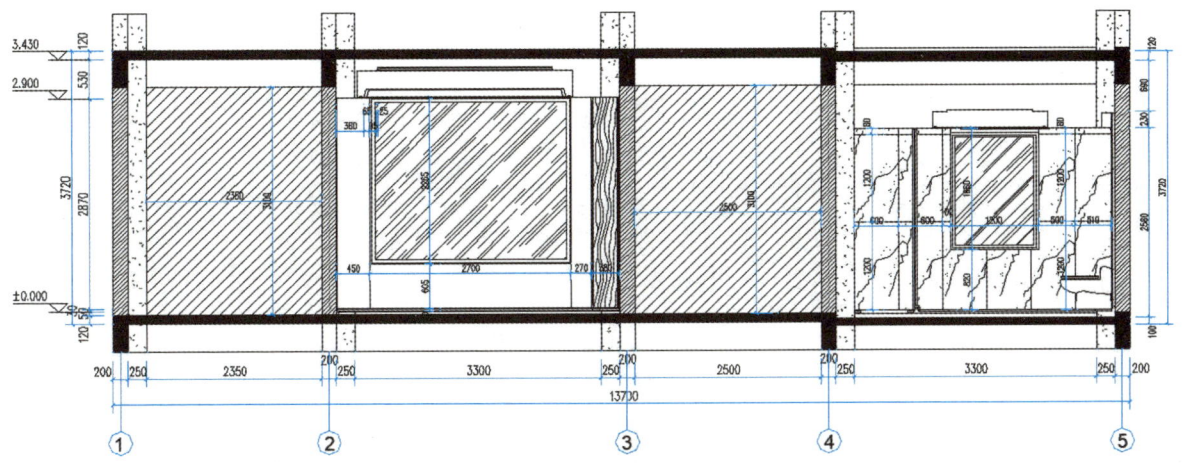

图 7-24 标注内部尺寸

（3）材料标注

应用〖箭头文字〗命令（快捷键 JTWZ）绘制窗户及使用文字标注，打开"箭头文字"对话框，设置参数值，如图 7-25 所示。点击鼠标左键在立面图纸中开始绘制，并调整文字内容，如图 7-26 所示。

图 7-25 "箭头文字"对话框

二维码 7-8 立面标注绘制视频

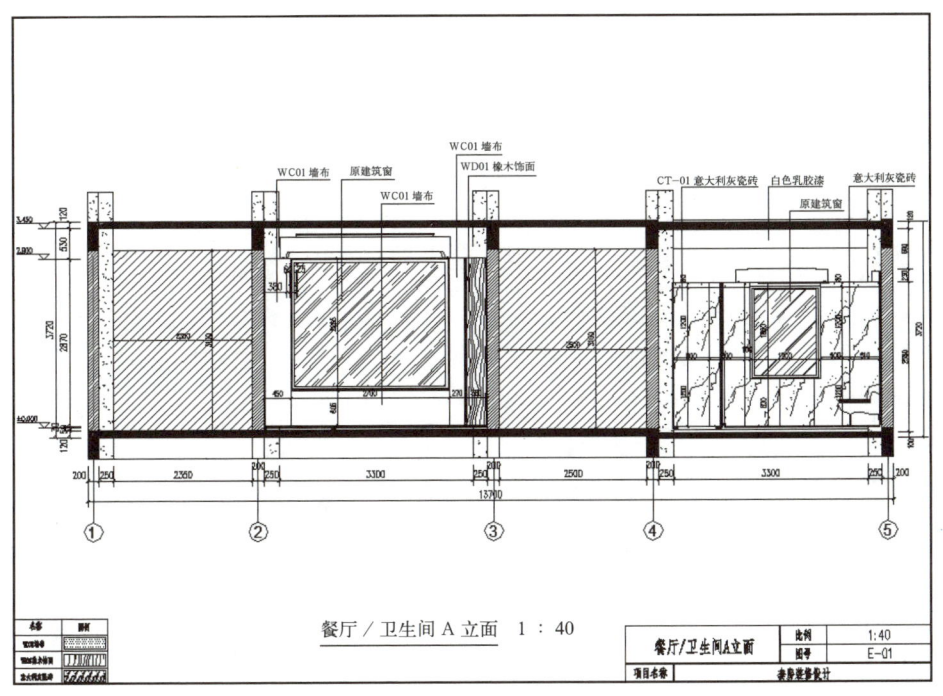

图 7-26 文字标注

任务七 立面图 87

7.5 任务评价

任务自评 (20%)	立面图绘制完整	□ 很好	□ 较好	□ 一般	□ 还需努力
	内容表达清晰准确	□ 很好	□ 较好	□ 一般	□ 还需努力
	符合制图规范	□ 很好	□ 较好	□ 一般	□ 还需努力
小组互评 (40%)	立面图绘制整体效果	□ 优	□ 良	□ 中	□ 差
教师评价 (40%)	立面图绘制质量	□ 优	□ 良	□ 中	□ 差

7.6 任务小结

7.6.1 通过本次任务熟练掌握以下图形的绘制方法

1. 根据天花布置图完成立面图中的吊顶剖面造型轮廓部分。
2. 根据三维模型图和平面布置图完成立面图中的地面和墙面部分。
3. 完成立面图的尺寸标注和文字标注。

7.6.2 知识及能力测试题

1. 单项选择题

(1) 建筑 CAD 构造线的快捷键为（　　）。
A．L　　　　　　　　　　　　B．XL
C．PL　　　　　　　　　　　　D．EX

(2) 立面图常用 A3 图框，其规格尺寸为（　　）。
A．420mm×297mm　　　　　　B．4200mm×2970mm
C．2100mm×29700mm　　　　　D．210mm×297mm

(3) 绘制柜体开门尺寸均分时，可表示为（　　）。
A．R　　　　　　　　　　　　B．ML
C．DIV　　　　　　　　　　　D．EQ

(4) 建筑 CAD 逐点标注的快捷键为（　　）。
A．ZDBZ　　　　　　　　　　B．DCO
C．QDIM　　　　　　　　　　D．DLV

(5) 轴线使用的线型是（　　）。
A．粗实线　　　　　　　　　　B．细实线
C．点划线　　　　　　　　　　D．折断线

2. 多项选择题

(1) 关于立面系统图说法正确的是（　　）。
A．展示墙、地、顶面的具体样式
B．轴线与平面图中的位置不对应

C. 门、窗、梁、墙等结构要准确画出
D. 家具及电器可以用虚线在立面系统图中画出
（2）立面标注包括（　　）。
A. 轴线、轴号标注　　　　B. 尺寸文字标注
C. 材料标注　　　　　　　D. 剖面索引及大样图索引标注

3. 实操题
根据任务书中平面图及三维模型绘制客厅电视背景立面图。

二维码7-9　任务七　立面图课件资源

二维码7-10　习题参考答案

建筑装饰施工一体化技能实训

建筑装饰施工一体化技能实训

模块二
材料与构造

建筑装饰施工一体化技能实训

8 任务八　客厅天花节点大样图

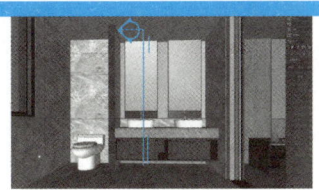

客厅天花节点大样图需在理解施工工艺和掌握施工做法的基础上绘制，绘制过程中用到的常用紧固件图块可在建筑CAD【图库管理】中调用。

8.1 教学目标

1．知识目标
（1）掌握轻钢龙骨吊顶中龙骨及其连接件、纸面石膏板常用材料及规格；
（2）掌握轻钢龙骨吊顶主次龙骨节点、跌级构造以及与墙连接节点装饰构造；
（3）掌握轻钢龙骨吊顶灯槽、窗帘盒节点构造。

2．能力目标
（1）运用建筑CAD熟练绘制轻钢龙骨吊顶主次龙骨节点图；
（2）运用建筑CAD熟练绘制轻钢龙骨吊顶灯槽、窗帘盒节点图。

3．思政元素
（1）树立环保意识，培养可持续发展环保理念；
（2）培养学生认真细致、精益求精、一丝不苟的工匠精神；
（3）强调遵守标准和规范的重要性；
（4）培养分析问题、发现问题、用创新的思维去解决问题的职业素养。

8.2 任务与分析

1．任务目的
运用建筑CAD绘制图8-1中吊顶剖切位置深化设计图。

2．任务分析
该节点任务如图8-2所示，绘制该现代轻奢风格客餐厅吊顶节点深化设

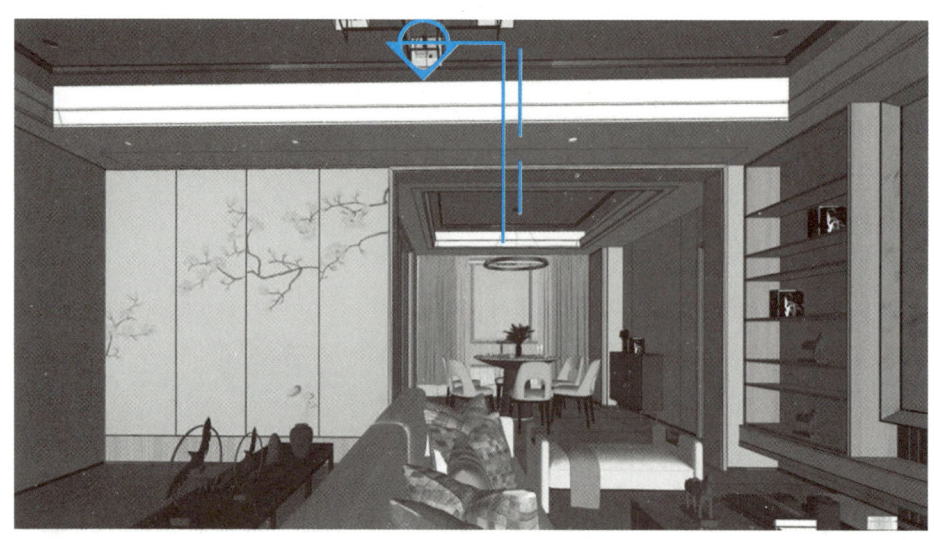

图8-1 现代轻奢风格餐厅、客厅吊顶一览图

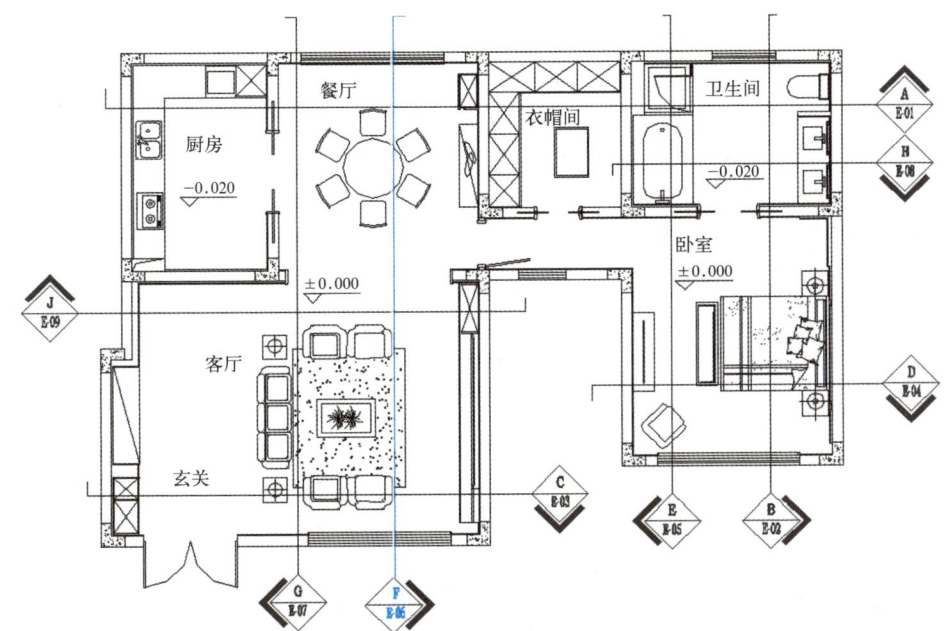

图 8-2 客餐厅吊顶剖切位置索引图

计图,其中包括吊顶跌级处理、窗帘盒构造节点、吊顶与门窗框连接节点、暗藏灯槽节点以及空调风口节点。图 8-2 是客餐厅吊顶剖切位置索引图。

8.3 基础知识

轻钢龙骨纸面石膏板吊顶属于整体面层装饰吊顶,其整体构造形式是由轻钢龙骨、基层板和纸面石膏板面层装饰组成,属于装配式吊顶。该种吊顶从构造组成上通常有两种做法,一种是单层龙骨吊顶,另一种是双层龙骨吊顶。单层龙骨吊顶构造形式简单,可不设置主龙骨,仅有次龙骨与横撑龙骨组成龙骨体系,一般用于结构简单的平面吊顶;双层龙骨吊顶主次龙骨底面标高不在同一水平面上,因其施工方便,可处理复杂节点构造,是目前吊顶中应用最为广泛的一种。

该吊顶体系从承受荷载的角度,可分为上人吊顶和不上人吊顶。其中上人吊顶,可设置临时检修马道,一般承重荷载需不大于80kg,上人吊顶吊杆可采用直径不小于 8mm 的光圆钢筋,也可采用 M8 全牙吊杆。不上人吊顶采用直径为 6mm 的光圆钢筋或者是 M6 全牙吊杆均可。通常情况下,上人吊顶主龙骨采用 50mm×15mm、60mm×24mm 或者是 60mm×27mm,不上人吊顶主龙骨采用 38mm×12mm、50mm×20mm 或者是 60mm×27mm,次龙骨采用 50mm×19mm、50mm×20mm 或者是 60mm×27mm。不同项目采用龙骨规格大小不一致,具体依从单项设计。

1. 吊点与基层楼板连接构造

吊点与基层楼板连接构造通常有两种,一种通过预埋件连接,另一种则通过膨胀螺栓钻孔连接。

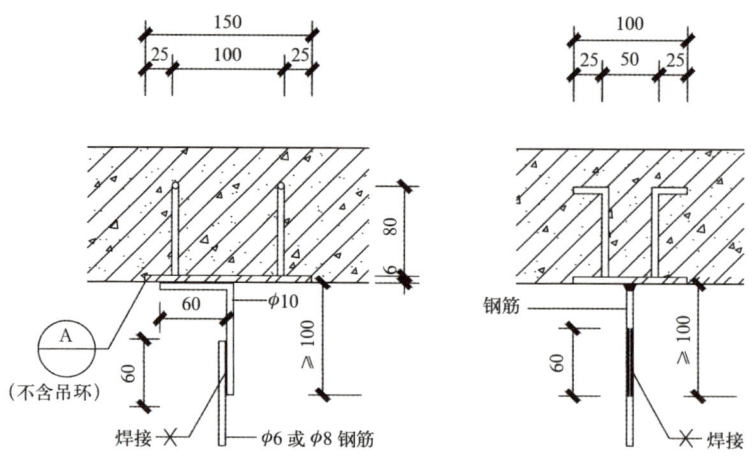

图 8-3 预埋件连接构造

图 8-3 中采用的是预埋件形式的吊顶，其中预埋件是投影长为 150mm、宽为 100mm 类"马蹄"形式的铁件，与 100mm×60mm"L"形状的钢筋焊接，吊杆与该"L"形钢筋再焊接，焊接长度不小于 60mm。

图 8-4 中采用的是膨胀螺栓固定形式的连接构造，用膨胀螺栓将 70mm×70mm 的角钢固定在基层楼板上，角钢预留直径为 12mm 的孔洞，可以穿过吊杆，吊杆可选直径为 6mm 或者 8mm 的光圆钢筋。

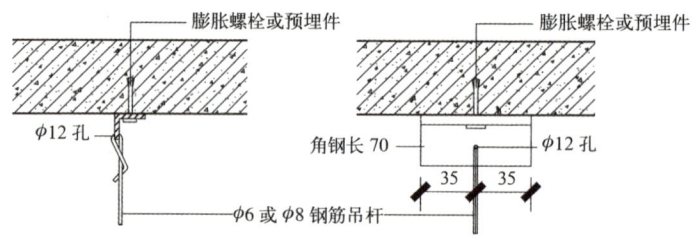

图 8-4 膨胀螺栓固定连接构造

图 8-5 是现行吊顶装饰做法中最常用的构造做法，采用 M8 或者 M10 膨胀螺栓固定吊杆。本装饰工程案例可采用 M8 内置膨胀螺栓，常用膨胀螺栓规格见表 8-1。

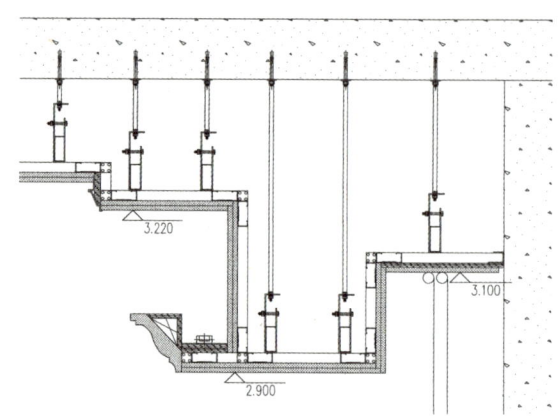

图 8-5 膨胀螺栓固定吊杆

常用膨胀螺栓规格表　　　　　　　　　　　表8-1

螺栓型号	杆长L（打孔深度）(mm)	套管直径D（打孔直径）(mm)	套管长度H(mm)	六角对边螺母尺寸d(mm)	加大平垫尺寸（内径d×外径S×厚度）(mm)	螺纹直径d(mm)	杆长l(mm)
M6×40	40	10	30	10	6×18×1.5	10	40
M6×50	50	10	40	10		10	50
M6×60	60	10	50	10		10	60
M6×70	70	10	60	10		10	70
M6×80	80	10	70	10		10	80
M8×60	60	12	50	13	8×20×1.5	12	60
M8×70	70	12	60	13		12	70
M8×80	80	12	70	13		12	80
M10×60	60	14	50	17	10×30×2	14	60
M10×70	70	14	60	17		14	70
M10×80	80	14	70	17		14	80

以上数据参考实物如图8-6所示。

（1）主次龙骨连接构造

主龙骨通过吊件与吊杆连接，以50吊件为例展示其连接构造，主龙骨需横穿配套吊件，用穿心螺栓将两者相连，具体连接形式如图8-7所示。

主龙骨与次龙骨连接，需采用主次龙骨挂件连接，挂件上端需通过抓件挂住主龙骨，下端通过翘起的两翼钩挂住次龙骨，具体连接构造如图8-8所示。

主龙骨接长采用专用"U"形接长主件，通过嵌固方式接长。次龙骨采用专用接长附件，置于次龙骨内侧对接连接，其构造形式如图8-9、图8-10所示。

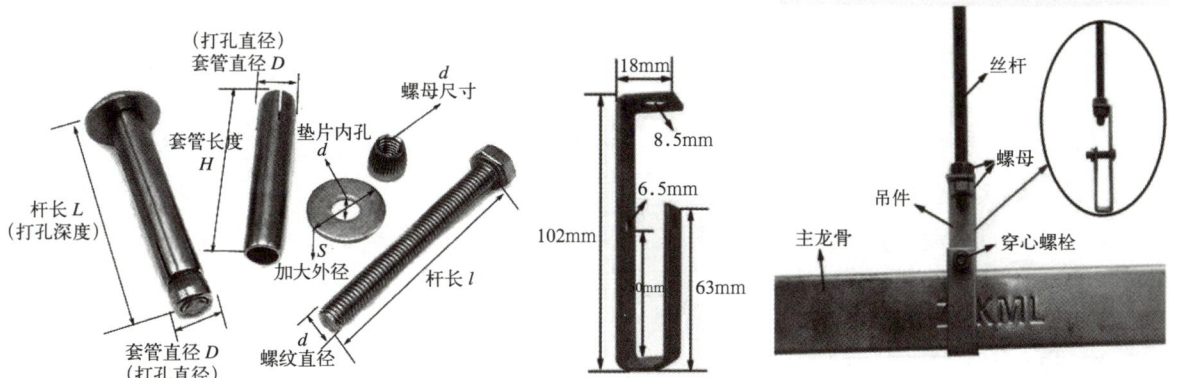

图8-6　内置膨胀螺栓构件示意图（左）
图8-7　50吊件及主龙骨与吊件的连接构造（右）

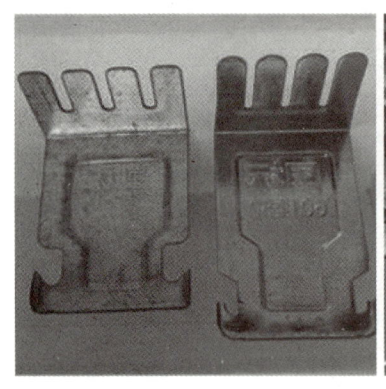

图 8-8 主次龙骨的连接构造

图 8-9 主龙骨接长件构造

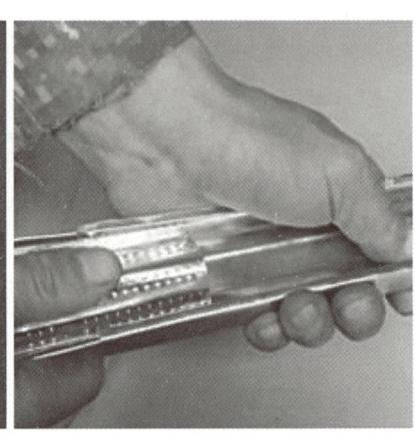

图 8-10 次龙骨接长件连接构造

(2) 次龙骨与横撑龙骨连接构造

次龙骨与横撑龙骨通过垂直卡接件连接，卡插件一侧置入横撑龙骨中，另一侧钩挂住次龙骨，如图 8-11 所示。

2. 轻钢龙骨纸面石膏板吊顶平面构造

图 8-12 为现行吊顶装饰中常用做法，其中主龙骨宜平行于房间长边安装，图例用单行短粗虚线表示，吊点用"×"表示，次龙骨用双行中粗实线表示，横撑龙骨用双行中粗虚线表示。

通常情况下，吊点间距 900~1200mm，主龙骨间距 900~1200mm，吊点距

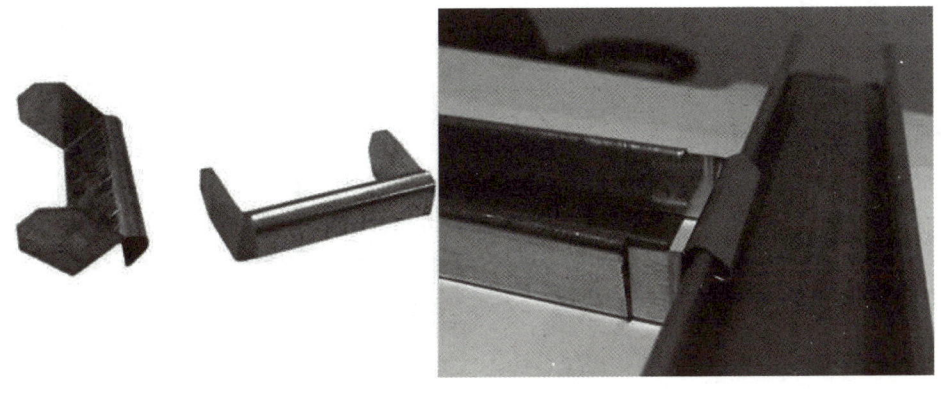

图 8-11 次龙骨与横撑龙骨连接构造

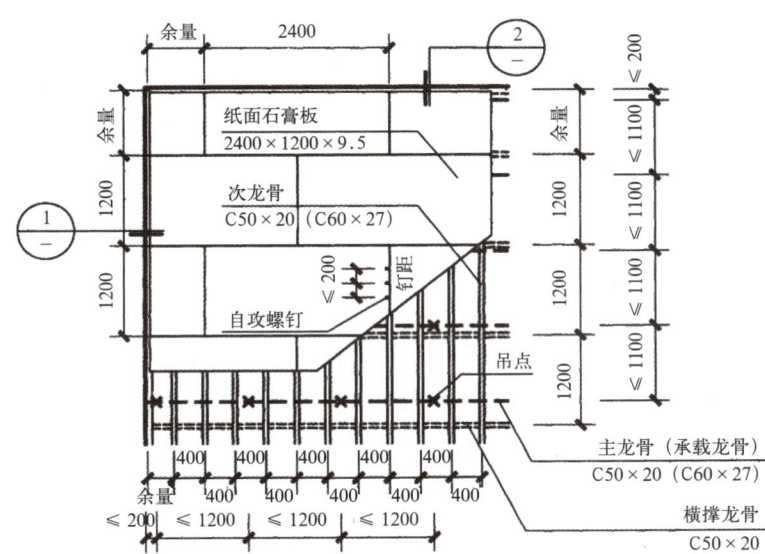

图 8-12 轻钢龙骨平面构造布置图

离主龙骨端部不得大于 300mm，如果超过该数值，需增设吊点。次龙骨间距 300~600mm 不等，潮湿房间间距 300mm 为宜。其他干燥房间，采用 9.5mm 厚纸面石膏板做面板时，次龙骨的间距不得超过 450mm。采用双层纸面石膏板做面板时，次龙骨的间距不得超过 600mm。面积较大的吊顶宜采用 12mm 厚的纸面石膏板。

石膏板吊顶所有洞口四周，均应设有次龙骨或附加龙骨，如采用双层纸面石膏板吊顶构造时，上、下层石膏板应错缝布置。

在图 8-12 中，吊点间距不超过 1200mm，与主龙骨末端距离为 200mm；主龙骨间距不超过 1100mm，次龙骨间距 400mm，与主龙骨垂直布置，横撑龙骨间距 1200mm（与纸面石膏板短边 1200mm 同宽）。纸面石膏板的长边（即包封边）应沿纵向次龙骨铺设，自攻螺钉应从中间向两边固定在次龙骨和横撑龙骨上，中间石膏板钉距不超过 200mm，板边钉距离为 10~15mm，钉子钉入石膏板内 1~2mm，面层涂刷防锈漆。图 8-12 节点①和节点②分别为次龙骨与墙面连接节点构造，以及横撑龙骨与墙面连接节点构造，如图 8-13 所示。

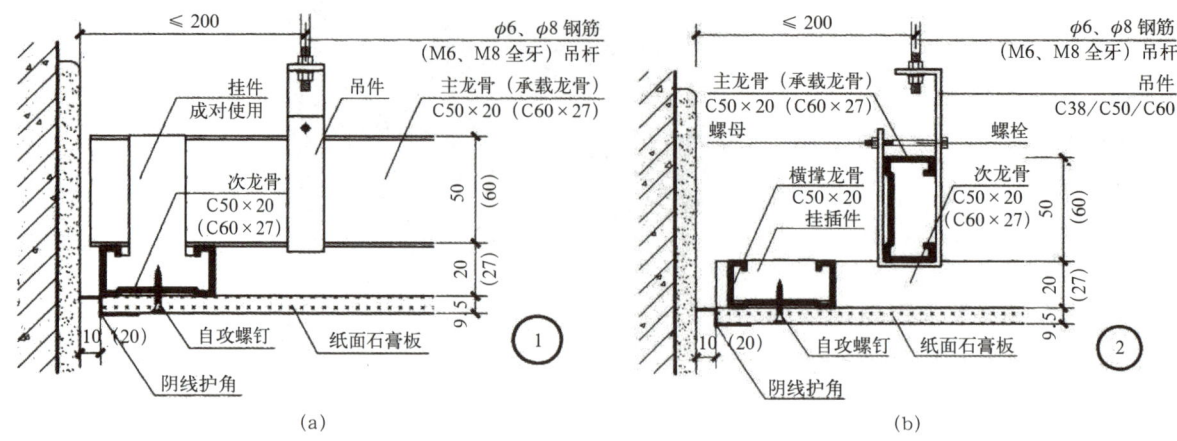

图 8-13 龙骨与墙面连接节点构造

(a) 次龙骨与墙面连接节点构造；(b) 横撑龙骨与墙面连接节点构造

轻钢龙骨纸面石膏板吊顶在处理高低差时构造形式多样，本实训教程介绍 3 种做法：做法 1 采用 GB12J502-2 室内吊顶——跌级吊顶构造方式，做法 2 采用扁铁与细木工板处理跌级构造方式，做法 3 为本案例工程构造方式。

做法 1：GB12J502-2 室内吊顶——跌级吊顶构造方式在房间的纵横向采用增加主次龙骨的方式，如图 8-14 所示。

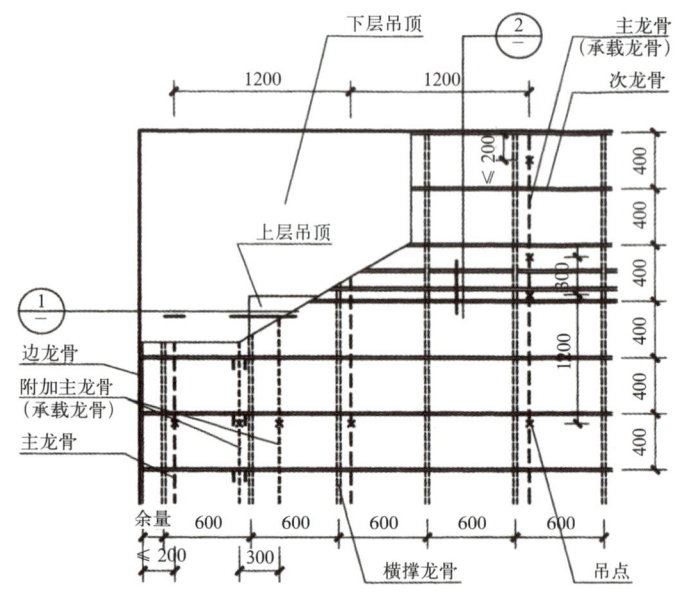

图 8-14 跌级吊顶做法 1 平面布置图

在图 8-14 中，主龙骨、次龙骨在跌级的位置分别增设了附加间距不大于 300mm 的主龙骨和附加次龙骨，节点详图如图 8-15 所示。

在图 8-15 节点①中，以次龙骨中心线为基准，在两侧 150mm 的位置分别增加两根主龙骨，为了增强龙骨的整体性、强度和刚度，在垂直方向增设了一根次龙骨，与水平方向次龙骨采用抽芯铆钉或者焊接的方式固定。节点②中，以跌级位置主龙骨为中心线向两边 300mm 范围内增设次龙骨，为了增强空间垂直方向节点位置的整体性和刚度，采用双股 16 号镀锌钢丝将固定石膏

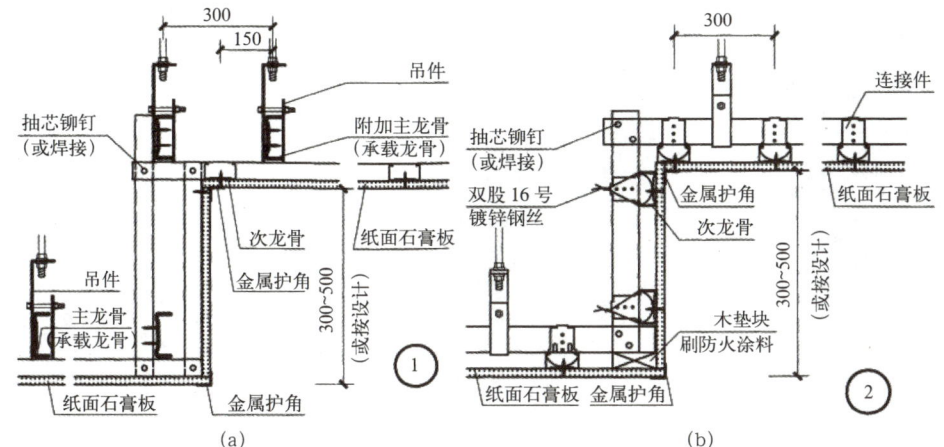

图 8-15 跌级吊顶节点图

(a) 跌级吊顶节点图①；(b) 跌级吊顶节点图②

板的次龙骨和垂直方向次龙骨绑扎起来，同时与水平方向次龙骨采用抽芯铆钉或者焊接方式连接，该种构造做法适用跌级高差在 300~500mm 的吊顶。

跌级吊顶做法 2，采用"L"形扁铁与细木工板结合的方式，如图 8-16 所示。

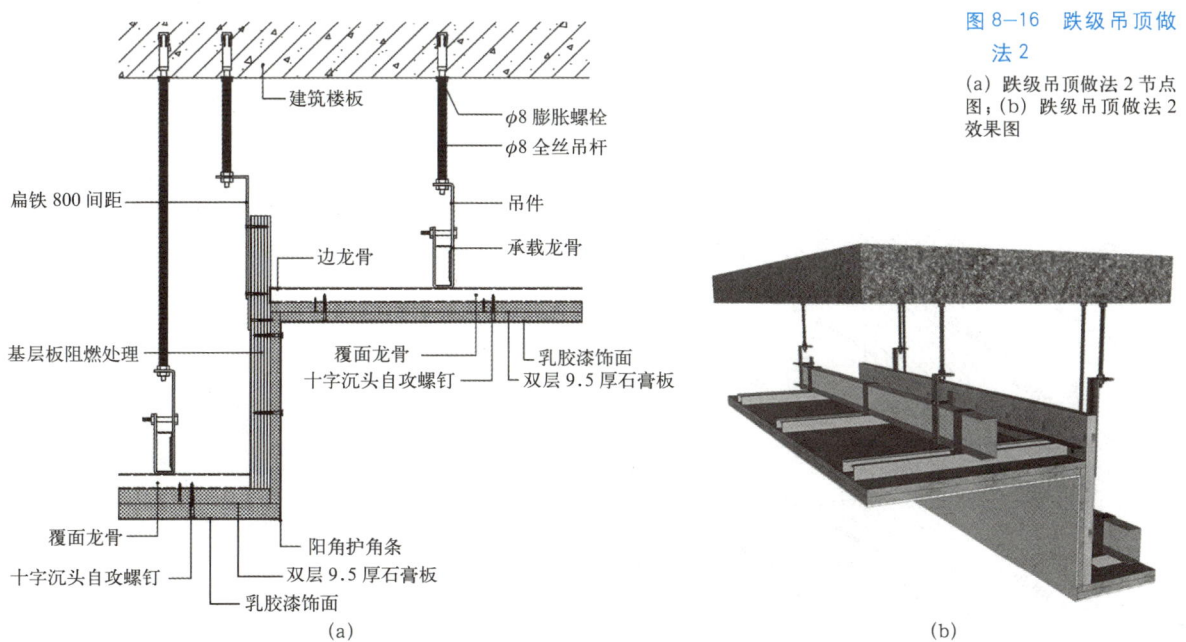

图 8-16 跌级吊顶做法 2

(a) 跌级吊顶做法 2 节点图；(b) 跌级吊顶做法 2 效果图

在跌级吊顶做法 2 中采用间距为 800mm 的 3mm 厚扁铁与 18mm 厚阻燃细木工板用自攻螺钉连接，该种构造方式不但保证了跌级高差处的强度和刚度，而且使施工简便快捷，是目前常用的构造方式之一。

做法 3 采用本案例工程做法构造，详见 8.4 任务实施。

3. 轻钢龙骨纸面石膏板吊顶窗帘盒构造

轻钢龙骨纸面石膏板吊顶窗帘盒构造也是吊顶构造中常遇到的，通常窗帘盒处吊顶采用阻燃细木工板以及辅助木龙骨即可，也可采用轻钢龙骨与细木

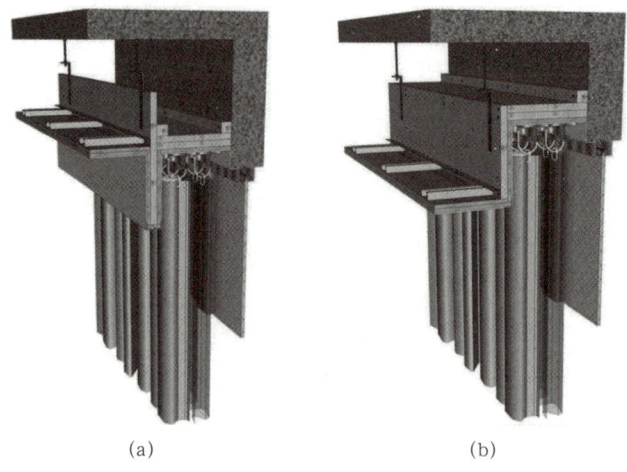

图 8-17 窗帘盒吊顶构造
(a) 明装式窗帘盒天花节点图；(b) 暗装式窗帘盒天花节点图

工板组合。窗帘盒构造分为明装式以及暗装式天花节点构造，具体构造形式如图 8-17 所示。

明装式窗帘盒天花节点图和暗装式窗帘盒天花节点图主要区分在构造形式上。明装式窗帘盒天花节点采用细木工板两侧包封纸面石膏板，暗装式采用细木工板一侧包封纸面石膏板，其构造形式按照整体吊顶处理。不管以什么样的方式呈现，均采用了"L"形扁铁与细木工板做结构支撑，以上两图的构造节点图如图 8-18 所示。

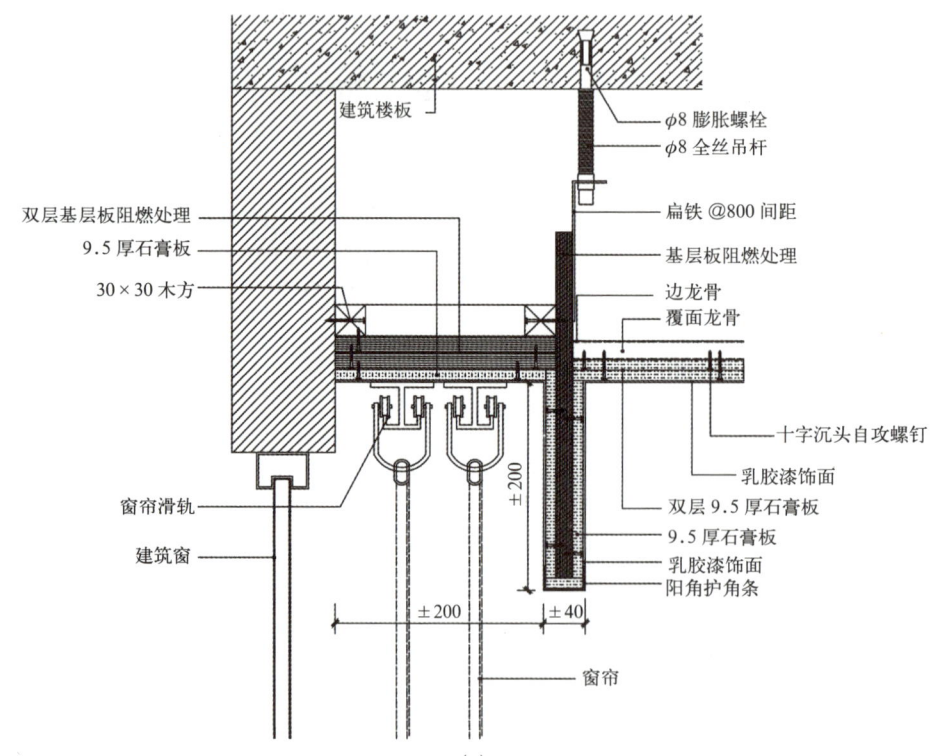

图 8-18 窗帘盒天花节点深化设计图
(a) 明装式窗帘盒天花节点深化设计图；

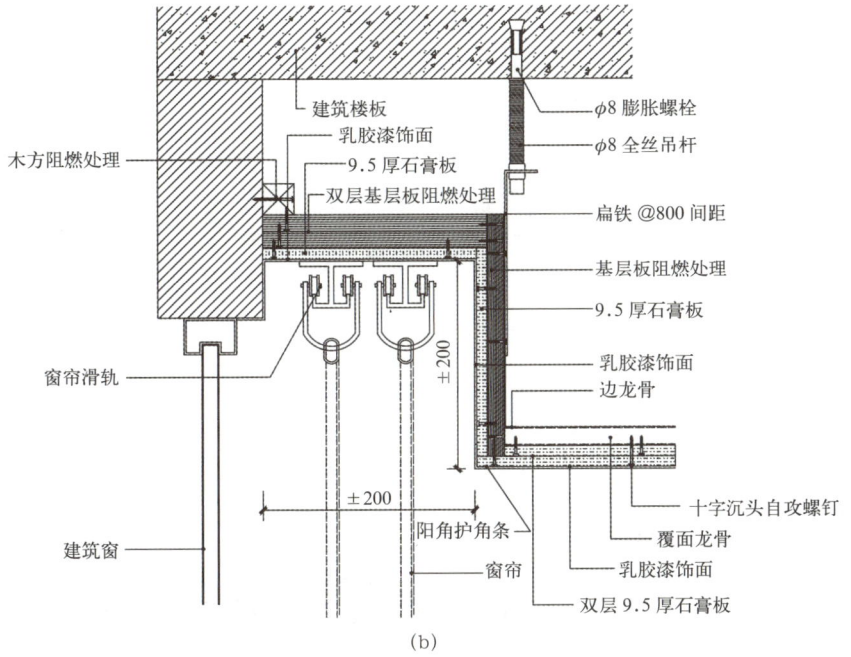

图 8-18 窗帘盒天花节点深化设计图（续）
(b) 暗装式窗帘盒天花节点深化设计图

4. 轻钢龙骨纸面石膏板吊顶灯槽与风口构造

吊顶中的灯槽指的是用阻燃细木工板嵌固在吊顶中线状的凹槽，具有隐藏灯带、改变灯光照射方向的作用，是室内吊顶装饰中常用的构造做法。本案例中采用的是悬挑式灯槽，用以打造泛光式效果的构造做法，具体做法如图 8-19 所示。

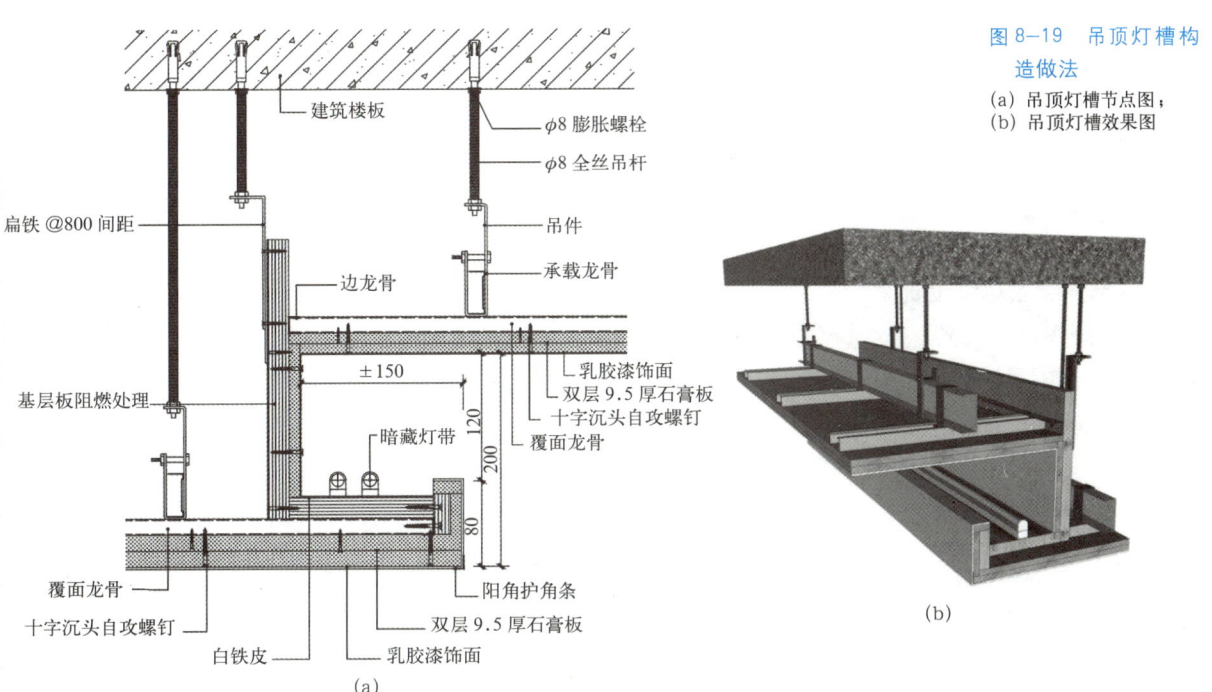

图 8-19 吊顶灯槽构造做法
(a) 吊顶灯槽节点图；
(b) 吊顶灯槽效果图

任务八 客厅天花节点大样图　103

在图 8-19 中可以看到，灯槽处的做法采用"L"形扁铁与细木工板自攻螺钉相连，灯槽垂直立面封板与边龙骨用自攻螺钉固定，覆面龙骨上水平放置阻燃细木工板，该细木工板与左右两侧阻燃细木工板用自攻螺钉固定，形成一个牢固的整体，再将暗藏灯带固定在灯槽上。

空调风口是吊顶中常见的装饰构造做法，通常采用预制方形出风口，将其安装于悬吊式顶棚饰面板上，通过木方垫的方式进行固定及降噪处理。当空调出风口遇到灯槽时，其构造做法如图 8-20 所示。

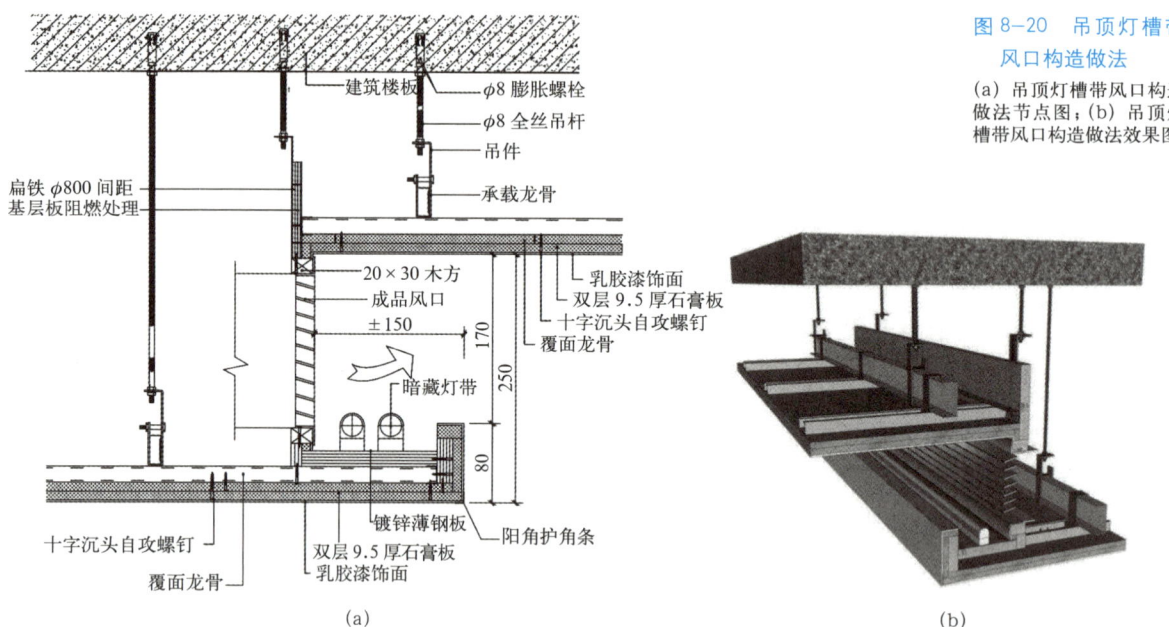

图 8-20 吊顶灯槽带风口构造做法

(a) 吊顶灯槽带风口构造做法节点图；(b) 吊顶灯槽带风口构造做法效果图

本案例中灯槽带风口是水平出风口，采用的是成品风口嵌固在洞口增设的次龙骨上。

8.4 任务实施

1. 节点绘图环境设置

（1）绘图环境设置

节点绘图环境图层设置见表 8-2。

节点绘图环境设置　　　　　　表 8-2

图层名称	颜色	线型	线宽（mm）	备注
墙体填充	8	连续	默认	
墙面完成面	13	连续	默认	
DT-粗线	40	连续	0.25	节点轮廓线
DT-中线	50	连续	0.18	节点构造线

续表

图层名称	颜色	线型	线宽（mm）	备注
DT-细线	135	连续	0.13	节点内部线
DT-填充	254		0.13	
SH-尺寸标注	80		0.13	
SH-文字标注	60		0.13	

（2）字体设置

1）启动〖文字样式管理器〗命令（快捷键ST）；

2）新建文字样式，输入样式名：汉字，文本字体选择"仿宋"，宽度因子为0.7，如图8-21所示；

3）新建文字样式，输入样式名：非汉字，文本字体选择"simplex.shx"，宽度因子为0.7，大字体选择"HZTXT.SHX"，如图8-22所示。

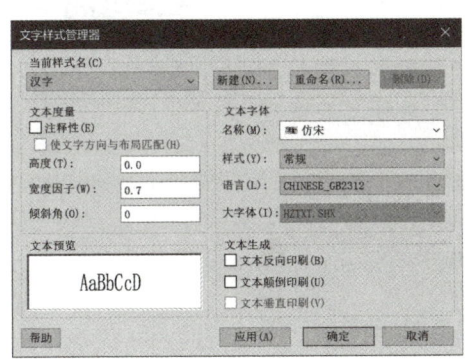
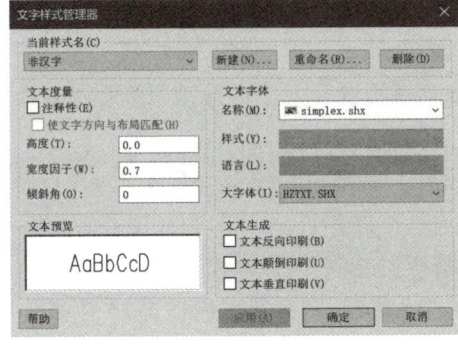

图8-21 汉字设置（左）

图8-22 非汉字设置（右）

（3）尺寸标注样式设置

使用快捷键D，启动〖标注样式管理器〗命令，在出现的对话框中新建"LINEAR10"样式，点击"修改"。

文字样式选用"非汉字"，箭头大小为1.2mm，文字高度为3mm，基线间距为10mm，尺寸界线偏移尺寸线2mm，尺寸界线偏移原点5mm，使用全局比例为1，测量单位比例为10。主单位单位格式为"小数"，精度为"0"。

二维码8-1 标注样式样板文件

2. 客厅天花节点绘制

根据天花布置图中①节点图的剖切位置和剖视方向，在图号为E-06立面图（见二维码8-2客餐厅F立面图）中从左向右框选客厅F立面图中客厅部分的吊顶造型，启动〖复制〗命令（快捷键Ctrl+C），框选复制客厅天花节点部分内容，启动〖粘贴〗命令（快捷键Ctrl+V），粘贴框选的图形内容，删除多余墙体及标注类信息，保留天花装饰完成面，在此基础上进行细化。完成效果如图8-23所示。

双击该框架图中楼板构件，启动〖填充〗命令（快捷键H），在出现的对话框中将楼板构件的填充更换为钢筋混凝土填充图案，比例调整为10，补充

二维码8-2 客餐厅F立面图

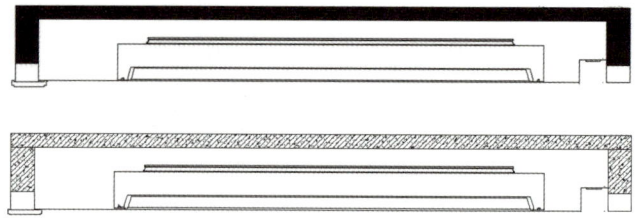

图 8-23 客厅天花节点参考框架图

图 8-24 修改后的客厅天花节点框架图

完善楼板轮廓线。启动〖格式刷〗命令（快捷键 MA），将板构件的格式刷到梁节点，完成如图 8-24 所示天花节点框架图。

二维码 8-3 客厅天花节点参考框架图

（1）绘制石膏板

把"DT-粗线"图层设置为当前图层，启动〖图库管理〗命令（快捷键 TKGL），依次点选〖通用图库〗→〖室内图库〗→〖室内综合图库〗→〖动态基层板材〗，双击选择 9.5mm 厚石膏板，图块参数按照默认参数即可。

在绘图区单击，完成默认参数的 9.5mm 厚石膏板的绘制。

二维码 8-4 客厅天花节点框架图绘制视频

选择该石膏板，启动〖移动〗命令（快捷键 M），指定基点为左下角的端点，插入点选择门套的左上方位置，把该石膏板移动到吊顶完成面的上方。再次选择该石膏板，单击右侧箭头，拖拽至石膏线处。案例中使用的是双层石膏板，应用〖复制〗命令（快捷键 CO），选择该石膏板并复制，完成横向双层石膏板的绘制。

再次启动〖图库管理〗命令（快捷键 TKGL），双击选择 9.5mm 厚石膏板，打开"图块参数"对话框，"转角"输入 90，如图 8-25 所示。在绘图区单击，完成竖向 9.5mm 厚石膏板的绘制。

选择该石膏板，启动〖移动〗命令（快捷键 M），按空格键执行命令，指定基点为右下角的端点，插入点选择竖向完成面的下侧端点，把该石膏板移动到吊顶竖向完成面的左侧。

再次选择该石膏板，单击上侧箭头，拖拽至完成面转角处。选择该石膏板，应用〖复制〗命令（快捷键 CO），完成竖向双层石膏板的绘制。完成效果如图 8-26 所示。

选择绘制好的水平方向 9.5mm 厚石膏板，启动〖复制〗命令（快捷键 CO），按空格键执行命令，指定基点为左下角的端点，插入点选择吊顶完成面的左侧一点，如图 8-27 所示，把该石膏板移动到吊顶完成面的上方。

图 8-25 石膏板图块参数设置（左）

图 8-26 石膏板节点绘制（中）

图 8-27 上层石膏板节点绘制（右）

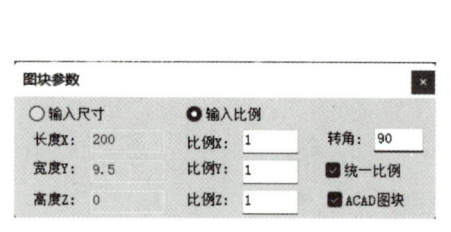
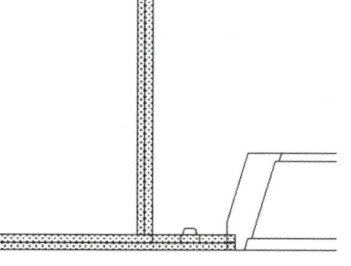
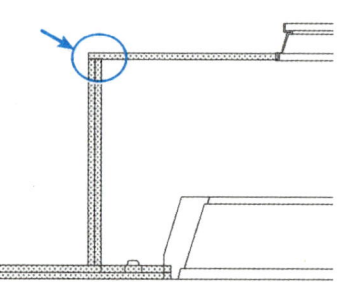

单击选择该石膏板，选择右侧角点，拖拽至石膏线条处，单击选择该石膏板，应用〖复制〗命令（快捷键CO），完成横向双层石膏板的绘制。完成效果如图8-28所示。

选择绘制好的水平方向9.5mm厚石膏板，启动〖复制〗命令（快捷键CO），指定基点为左下角的端点，插入点选择金属线条的右上方一点，把该石膏板移动到吊顶完成面的上方。单击选择该石膏板，应用〖复制〗命令（快捷键CO），完成横向双层石膏板的绘制，如图8-29所示。

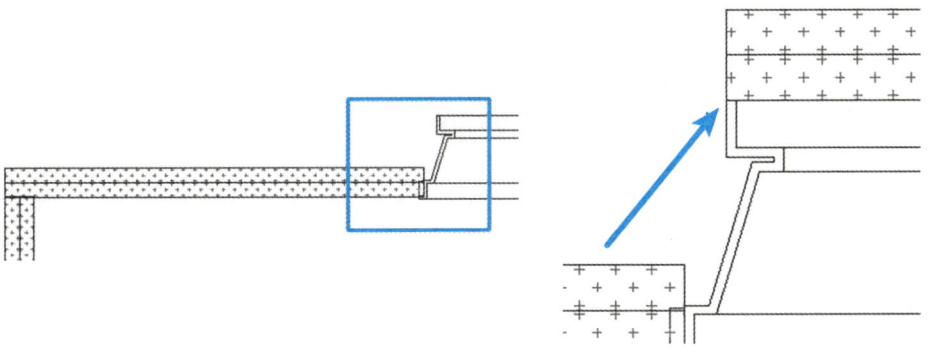

图8-28 上层石膏板节点拖拽及复制命令绘制（左）

图8-29 上层石膏板节点复制命令绘制（右）

完成右侧的石膏板和基层细节，可以把左侧完成后，用镜像的方式复制。

（2）绘制覆面龙骨

把"DT-中线"图层设置为当前图层，启动〖图库管理〗命令（快捷键TKGL），按空格键执行命令，依次点选〖通用图库〗→〖室内图库〗→〖室内综合图库〗→〖室内吊顶龙骨配件〗→〖次龙骨〗，双击选择C50×20图块，图块参数按照默认参数即可。在绘图区单击，完成默认参数的C50×20图块的绘制。

二维码8-5 石膏板绘制视频

选择该C50×20图块，启动〖移动〗命令（快捷键M），按空格键执行命令，指定基点为左下角的端点，插入点如图8-30所示，把该C50×20图块移动到双层石膏板的上方。

启动〖构造线〗命令（快捷键XL），按空格键执行命令，捕捉C50×20图块右上方为端点，向左侧拖拽，绘制一条水平线作为覆面龙骨的投影线。

启动〖直线〗命令（快捷键L），沿构造线绘制一条直线，选择绘制的直线，延伸至梁的侧面，删除原来的构造线。

再次启动〖图库管理〗命令（快捷键TKGL），双击选择C50×20图块，图块参数转角为90，在绘图区单击，完成竖向C50×20图块的绘制。

选择该C50×20图块，启动〖移动〗命令（快捷键M），指定基点为右下角的端点，插入点选择竖向石膏板和水平线的交点，把该C50×20图块移动到竖向石膏板的左侧，如图8-31所示。

启动〖构造线〗命令（快捷键XL），按空格键执行命令，捕捉竖向C50×20图块的左下角单击，光标垂直向上再次单击，绘制一条垂直线，再次按下空格键或者Esc键，结束〖构造线〗命令，如图8-32所示。

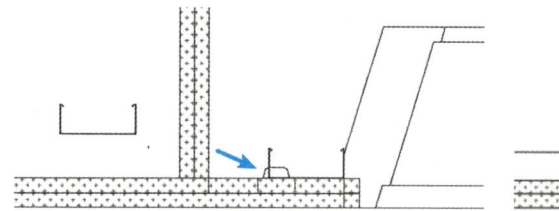
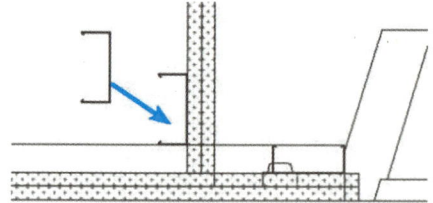

图 8-30 水平次龙骨的绘制（左）
图 8-31 垂直次龙骨的绘制（右）

选择 C50×20 图块，启动〖复制〗命令（快捷键 CO），按空格键执行命令，指定基点为左下角的端点，插入点选择跌级石膏板的左上角一点，把 C50×20 图块粘贴到跌级石膏板的上方。

再次选择该 C50×20 图块，按下空格键，重复启动〖复制〗命令（快捷键 CO），指定基点为左下角的端点，插入点选择上层石膏板的左上角一点，如图 8-33 所示，把 C50×20 图块粘贴到上层石膏板的上方。

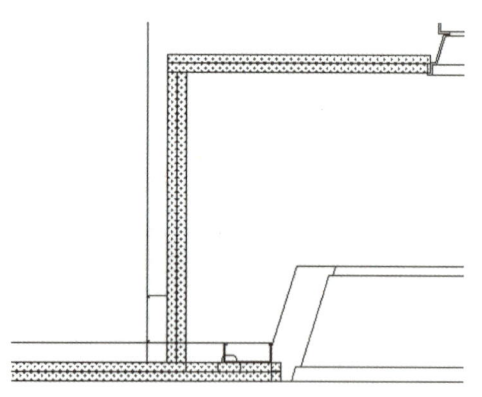
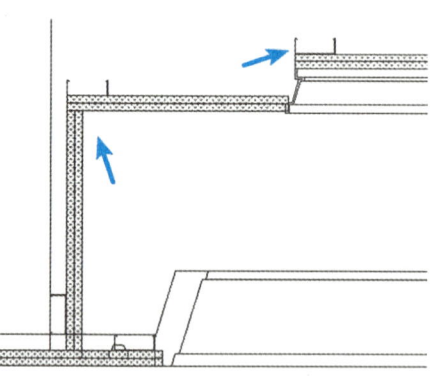

图 8-32 〖构造线〗命令的绘制（左）
图 8-33 水平次龙骨的复制（右）

启动〖构造线〗命令（快捷键 XL），在命令行"指定构造线位置或 [等分（B）/水平（H）/竖直（V）/角度（A）/偏移（O）]:"提示下输入 H，绘制水平构造线，依次捕捉 C50×20 图块的左上角或右上角并单击，绘制两条水平线，再次按下空格键或者 Esc 键，结束〖构造线〗命令。如图 8-34 所示。

启动〖剪切〗命令（快捷键 TR），按两下空格键执行命令，依次选择多余的线条，剪断线条，完成效果如图 8-35 所示。

（3）绘制主龙骨及配件

把"DT-粗线"图层设置为当前图层，启动〖图库管理〗命令（快捷键 TKGL），按空格键执行命令，依次点选〖通用图库〗→〖室内图库〗→〖室内综合图库〗→〖室内吊顶龙骨配件〗→〖主龙骨〗，双击选择 C50×20 图块，图块参数按照默认参数即可。如图 8-36 所示。

在绘图区单击，完成默认参数的 C50×20 图块的绘制。

重复启动〖图库管理〗命令（快捷键 TKGL），如图 8-37 所示，依次点选〖通用图库〗→〖室内图库〗→〖室内综合图库〗→〖室内吊顶龙骨配件〗→〖吊件〗，双击选择 CS50 图块，图块参数按照默认参数即可。

二维码 8-6 覆面龙骨绘制视频

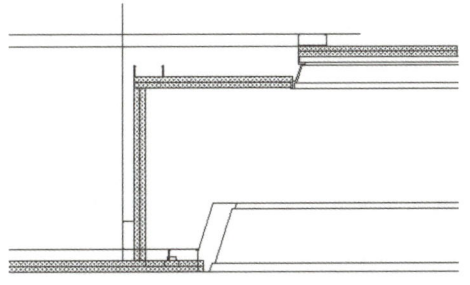
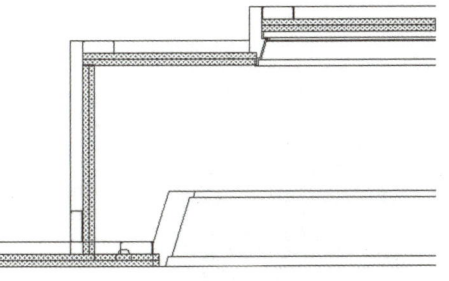

图 8-34 次龙骨水平看线的绘制（左）

图 8-35 修剪多余看线的绘制（右）

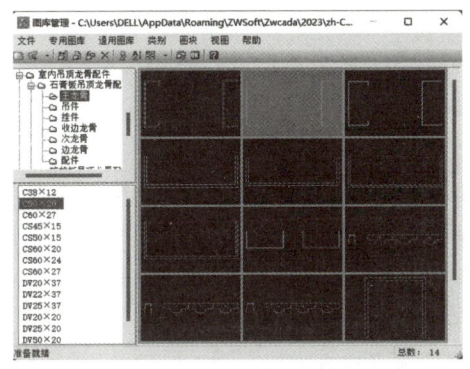
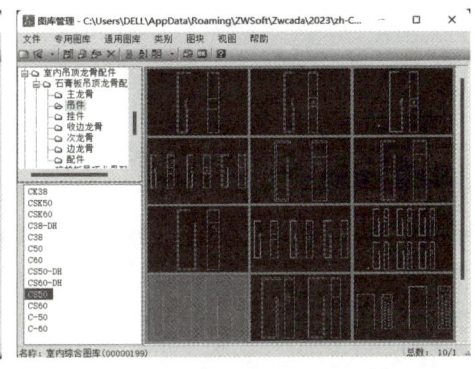

图 8-36 主龙骨 C50×20 图块的选择（左）

图 8-37 CS50 吊件图块的选择（右）

在绘图区单击，完成默认参数的 CS50 图块的绘制。

选择主龙骨 C50×20 图块、吊件 CS50 图块，启动〖分解〗命令（快捷键 X），按空格键执行命令。选择分解后的主龙骨 C50×20 图块和吊件 CS50 图块，把图层切换到"DT-粗线"。

如图 8-38 所示，选择位于左侧的主龙骨 C50×20 图块和吊件 CS50 图块，输入 E，按下空格键删除。

如图 8-39 所示，选择主龙骨 C50×20 图块，输入 M，执行〖移动〗命令，指定基点为左下角，把主龙骨 C50×20 图块插入到吊件 CS50 图块中。

选择右侧的吊件，输入 E，按下空格键删除。

重复启动〖图库管理〗命令（快捷键 TKGL），按空格键执行命令，如图 8-40 所示，依次点选〖通用图库〗→〖室内图库〗→〖室内综合图库〗→〖动态金属构件〗→〖螺栓〗，图块参数按照默认参数即可。

图 8-38 CS50 吊件图块的处理（左）

图 8-39 CS50 吊件组合示意（右）

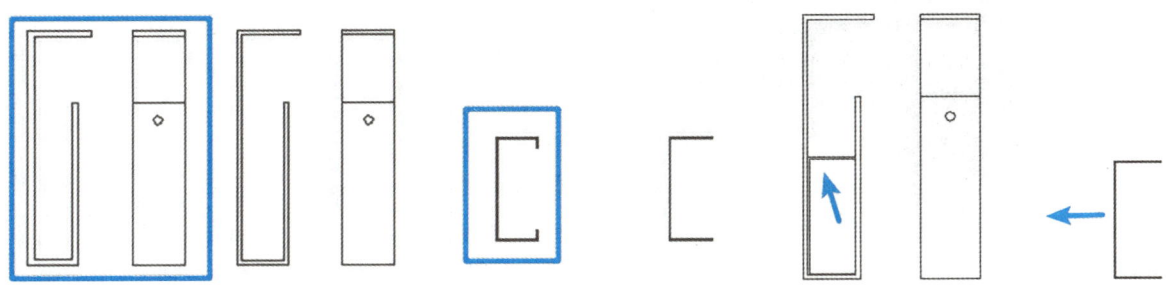

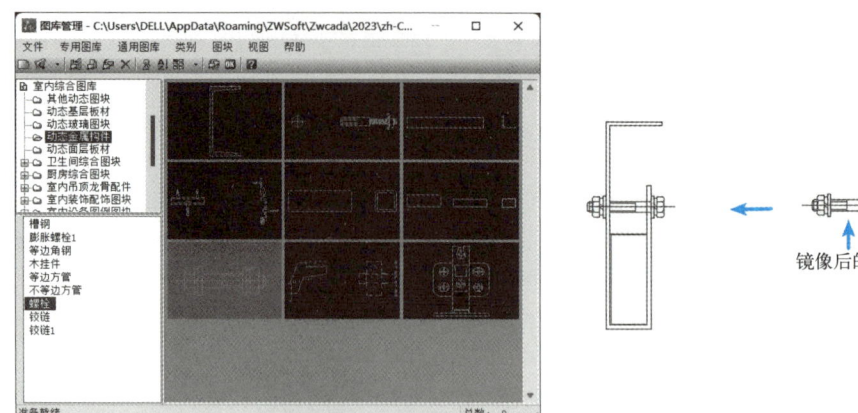

图 8-40 螺栓选择（左）
图 8-41 螺栓镜像处理（右）

在绘图区单击，完成默认参数的螺栓的绘制。选择该动态块，应用〖镜像〗命令（快捷键 MI），进行垂直镜像，并删除源对象。选择螺栓动态块，单击螺栓右侧中心的拾取点，移动至吊件处，选择螺栓动态块，单击螺栓左侧的延长点，拖拽至吊件左侧，如图 8-41 所示。

启动〖图库管理〗命令（快捷键 TKGL），按空格键执行命令，如图 8-42 所示，依次点选〖通用图库〗→〖室内图库〗→〖室内平面〗→〖用品〗→〖紧固件〗→〖常用螺栓，螺母，平垫及弹簧垫圈〗，选择 M6- 六角头螺栓图块，图块参数按照默认参数即可。

在绘图区单击，完成默认参数的 M6- 六角头螺栓图块的绘制。选择该图块，单击中心点启动〖旋转〗命令（快捷键 RO），将该图块由水平旋转为竖直方向。

选择该 M6- 六角头螺栓图块，启动〖分解〗命令（快捷键 X），按空格键执行命令，再次按下空格键，重复分解该图块，直至该图块都分解成为单独的线。

如图 8-43 所示，选择上侧的螺母，输入 E，按下空格键，删除多余的螺母图形。

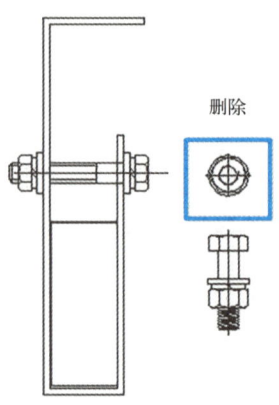

图 8-42 M6- 六角头螺栓的选择路径（左）
图 8-43 M6- 六角头螺栓的处理（右）

·110 建筑装饰施工一体化技能实训

启动〖构造线〗命令（快捷键 XL），按空格键执行命令，在命令行"指定构造线位置或 [等分（B）／水平（H）／竖直（V）／角度（A）／偏移（O）]："提示下，输入 V，设置垂直构造线，选择吊件下方的中心点，按下 Esc 键退出构造线命令；选择分解后的 M6- 六角头螺栓图形，切换到"DT- 粗线"图层。

启动〖移动〗命令（快捷键 M），按空格键执行命令，指定基点选择螺栓与吊件相交的点，插入点选择构造线与吊件相交的点。

选择螺母头部的图形，输入 M，按空格键执行命令，指定基点为螺母图形下侧中点，插入点为螺母图形下侧中点和吊件相交的点，如图 8-44 所示。

选择主龙骨、吊件和配件图形，启动〖移动〗命令（快捷键 M），按空格键执行命令，指定基点为吊件下方的中点，插入点为构造线和次龙骨看线的交点，如图 8-45 所示。

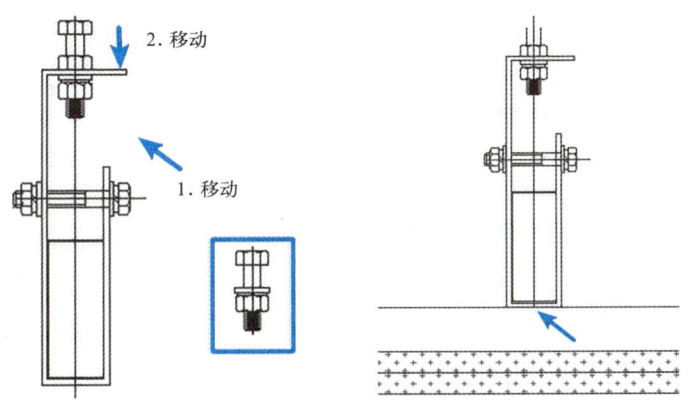

图 8-44 M6- 六角头螺栓的移动（左）

图 8-45 主龙骨、吊件和配件的绘制（右）

选择构造线，输入 E，按空格键删除这条辅助的构造线。选择螺母上方的矩形，选择矩形上侧的中点，向上拖拽至楼板层。

启动〖图库管理〗命令（快捷键 TKGL），按空格键执行命令，依次点选〖通用图库〗→〖室内图库〗→〖用品〗→〖紧固件〗→〖膨胀螺栓〗，选择 M6×70 图块，图块参数中的转角输入 90，如图 8-46 所示。

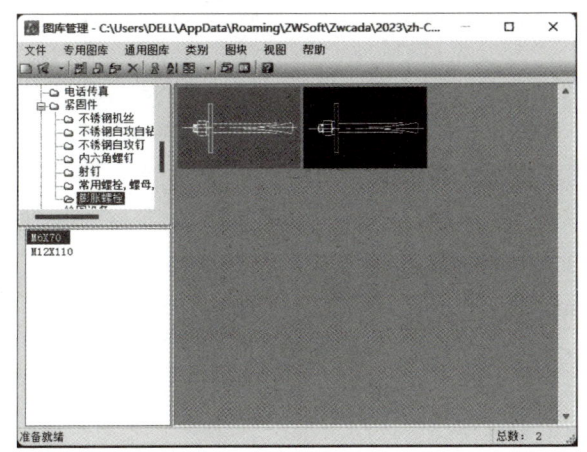

二维码 8-7 主龙骨绘制视频

图 8-46 膨胀螺栓的选择路径

任务八 客厅天花节点大样图 111

在吊杆和楼板相交处单击，完成膨胀螺栓图块的绘制。

启动〖缩放〗命令（快捷键 SC），选择该膨胀螺栓图块按下空格键，指定基点为膨胀螺栓图块右侧的拾取点，在"指定缩放比例或复制（C）／参照（R）："提示下输入 R，指定参照长度，第一点为膨胀螺栓图块右侧的拾取点，第二点为左侧的端点，第三点为吊件左侧的端点，实现参照缩放功能，按空格键结束命令，如图 8-47 所示。

主龙骨及配件，绘制完成效果如图 8-48 所示。

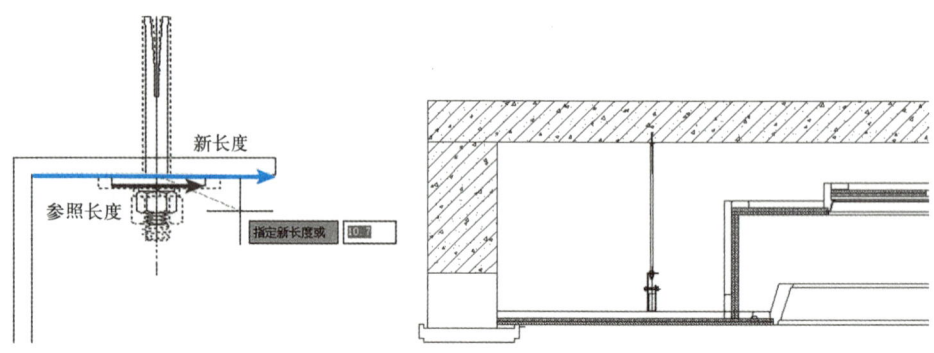

图 8-47 缩放命令的使用（左）

图 8-48 主龙骨及配件绘制大样图示意（右）

（4）绘制出风口构造细节

依据 P-04 天花布置图中客厅天花的造型和尺寸标注，绘制出风口的构造细节。

启动〖逐点标注〗命令（快捷键 ZDBZ），按空格键执行命令，依据 P-04 天花布置图中的标注位置，对客厅天花节点图从右至左进行逐点标注，标注完成结果如图 8-49 所示，此标注用于辅助，标注样式等设置可以按照默认设置。

二维码 8-8 P-04 天花布置图

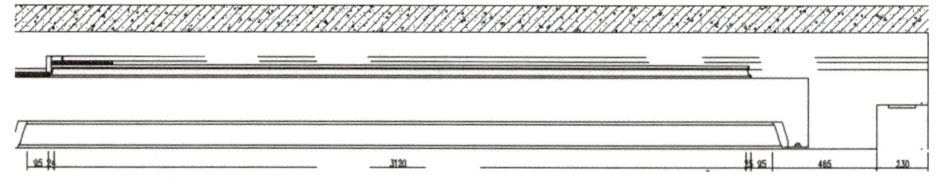

图 8-49 逐点标注绘制效果图示意

把"DT-中线"图层设置为当前，启动〖构造线〗命令（快捷键 XL），按空格键执行命令，根据命令行提示，输入 V，设置垂直构造线，单击选择尺寸数字 95 标注的左侧尺寸界限，完成垂直辅助线的绘制，如图 8-50 所示，而后按下 Esc 键退出构造线命令。

依据 P-04 天花布置图中，尺寸 95mm 距离风口尺寸 290mm 的标注数据分别为 165mm 和 300mm，如图 8-51 所示，对垂直辅助线进行偏移。启动〖偏移〗命令（快捷键 O），按空格键执行命令，根据命令行提示指定偏移距离，输入 165，按空格键选择要偏移的对象，单击选择垂直辅助线，指定目标点，在垂直辅助线左侧单击，按空格键结束偏移命令。

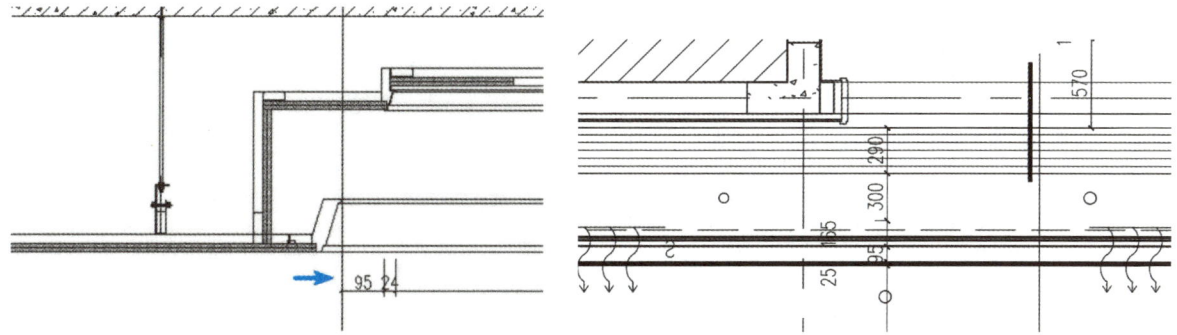

按空格键,再次执行〖偏移〗命令(快捷键O),依次完成尺寸数字300mm和290mm辅助线的绘制。完成效果如图8-52所示。

选择石膏板动态块,单击左侧延长交点,拖拽至右侧垂直辅助线垂足处。再次重复该操作,把两层石膏板都拖拽至290mm尺寸标注的右侧垂直辅助线垂足处,如图8-53所示。

图8-50 垂直辅助线的绘制(左)

图8-51 风口剖切位置线示意图(右)

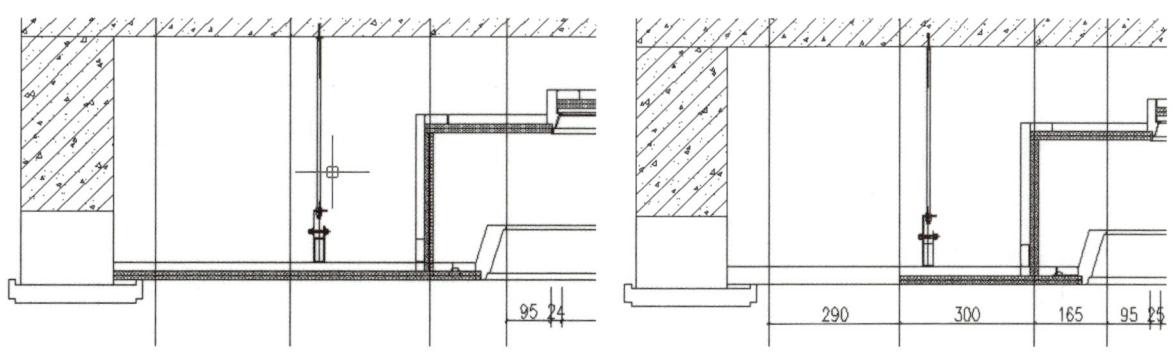

选择石膏板动态块,启动〖复制〗命令(快捷键CO),按空格键执行命令,指定基点为石膏板动态块的左下方角点,插入选择石膏板动态块,单击右侧延长交点,拖拽至290mm尺寸标注的左侧垂直辅助线垂足处。选择该石膏板动态块,启动〖复制〗命令(快捷键CO),按空格键执行命令,指定基点为石膏板动态块的左下方角点,插入点如图8-54所示。

启动〖矩形〗命令(快捷键REC),绘制长26.5mm、宽2.5mm的矩形,启动〖阵列〗命令(快捷键AR),按空格键执行命令,在"阵列"对话框中"行(W)"输入1,"列(O)"输入13,"行偏移(F)"输入0,"列偏移(M)"输入20,按照"矩形阵列(R)",如图8-55所示。

应用〖多段线〗命令(快捷键PL)绘制"L"形卡件,画出成品风口图形,如图8-56所示。

图8-52 尺寸数字300mm和290mm辅助线的绘制(左)

图8-53 石膏板拖拽至290mm辅助线右侧的绘制(右)

图8-54 290mm处左侧石膏板的绘制

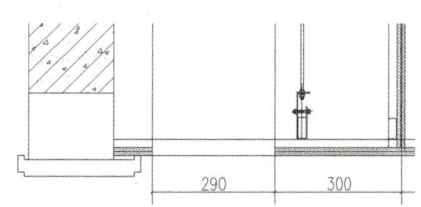

二维码8-9 通风口节点图形绘制视频

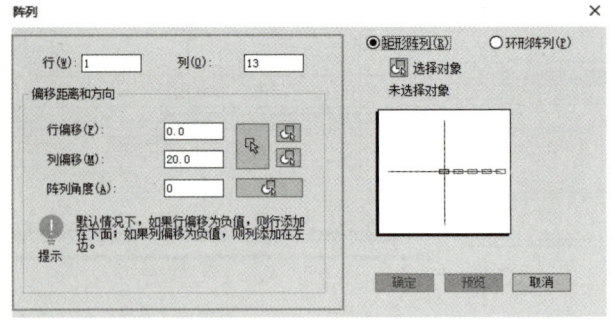

图 8-55 〖阵列〗命令的使用

选择风口图形，启动〖移动〗命令（快捷键 M），按空格键执行命令，指定基点为风口转角处的角点，插入点为风口和石膏板的交点；选择 C50 次龙骨图块，启动〖复制〗命令（快捷键 CO），按空格键执行命令，指定基点为 C50 次龙骨图块的左下方角点，插入点为石膏板的左下方角点；按空格键，重复执行命令，选择对象为 C50 次龙骨图块，指定基点为 C50 次龙骨图块的右下方角点，插入点为石膏板的右下方角点，按空格键结束命令如图 8-57 所示。

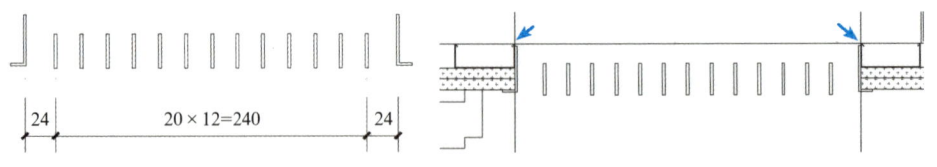

图 8-56 成品风口的绘制（左）

图 8-57 成品风口两侧次龙骨的绘制（右）

（5）完善门套构造细节

门套模型信息和施工规范，完善门套构造细节。

选择门套的外轮廓线，切换到"DT- 粗线"图层。

启动〖合并〗命令（快捷键 J），按空格键执行命令，把门套外轮廓线合并为一个多段线对象。

启动〖偏移〗命令（快捷键 O），按空格键执行命令，根据命令行提示指定偏移距离，输入 20 按空格键，选择要偏移的对象，单击选择合并的多段线对象，指定目标点，在多段线上方单击，按空格键结束〖偏移〗命令，完成 20mm 厚门套线的绘制，如图 8-58 所示。

启动〖剪切〗命令（快捷键 TR），按两下空格键执行命令，依次单击门套内侧线段的转角进行修剪；启动〖倒角〗命令（快捷键 F），按空格键执行命令，半径 =0 的模式下，依次单击修剪后的门套内侧线段进行直角连接，如图 8-59 所示。

选择覆面龙骨上方的看线，启动〖偏移〗命令（快捷键 O），按空格键执行命令，指定偏移距离为 20，指定目标点在龙骨看线的下方单击；启动〖剪切〗命令（快捷键 TR），按两下空格键执行命令，对风口处多余的龙骨看线进行修剪，中段多余部分进行删除，按空格键结束命令，如图 8-60 所示。

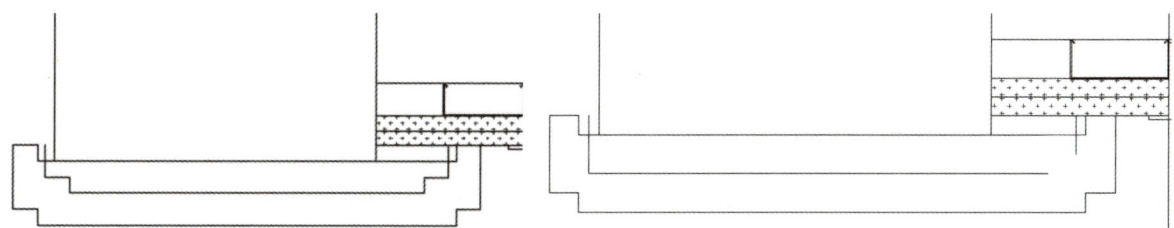

启动〖图库管理〗命令（快捷键TKGL），按空格键执行命令，依次点选〖通用图库〗→〖室内图库〗→〖室内综合图库〗→〖动态基层板材〗，选择多层板，图块参数按照默认参数即可。在绘图区，门套线图形附近单击鼠标，完成多层板的绘制。

单击选择该多层板，单击左下角的蓝色三角箭头，光标向下移动，输入18，按空格键确认，修改多层板的厚度为18mm。选择该多层板，启动〖移动〗命令（快捷键M），按空格键执行命令，指定基点为左下角的交点，插入点为门套线左侧的内转折点。选择该多层板，单击右上角交点，向左拖拽至门套内侧线的交点，如图8-61所示。

图8-58 门套线的初步绘制（左）

图8-59 门套线的修改（右）

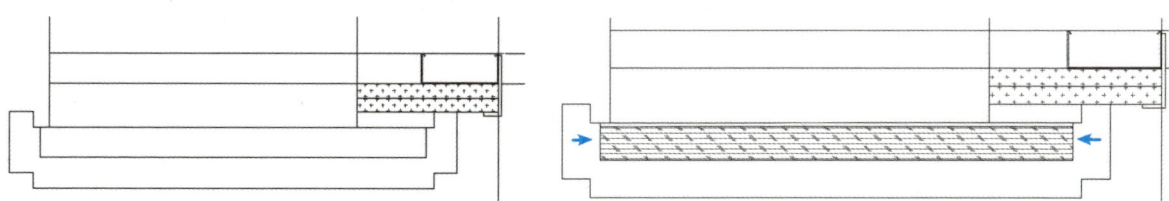

启动〖矩形〗命令（快捷键REC），按空格键执行命令，指定第一个角点为多层板与门套左侧内线交点，指定其他的角点，输入40、30，绘制30mm×40mm木方图形。

启动〖直线〗命令（快捷键L），按空格键执行命令，在木方图形内部绘制两条相交的直线，从左至右框选绘制的30mm×40mm木方图形，启动〖复制〗命令（快捷键CO），按空格键执行命令，指定基点为木方图形右下方角点，插入点为多层板右上方角点；依次选择风口与门套之间的两层石膏板动态块，单击左侧延长交点，拖拽至木方右侧；选择风口与门套之间的两层石膏板动态块，启动〖复制〗命令（快捷键CO），按空格键执行命令，指定基点为石膏板右下角，完成如图8-62所示图形。

图8-60 门套线绘制示意图（左）

图8-61 门套线细木工板的绘制示意图（右）

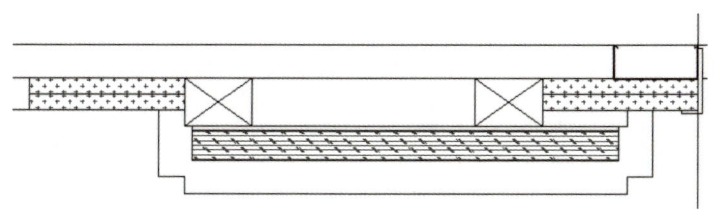

图8-62 门套线构造完成面示意图

（6）绘制窗帘盒构造细节

选择吊顶跌级处的横竖两个石膏板图块，启动〖复制〗命令（快捷键CO），按空格键执行命令，指定基点选择横向石膏板的左下方角点，插入点选择窗帘盒左侧转折处；选择竖向石膏板，启动〖移动〗命令（快捷键M），按空格键执行命令，指定基点为竖向石膏板右上方角点，指定第二点为窗帘盒左侧转折处角点；选择两个石膏板，单击选择超出部分的角点，拖拽至合适的位置；选择竖向石膏板图块，启动〖复制〗命令（快捷键CO），按空格键执行命令，指定基点选择石膏板的右下方角点，插入点选择左下方角点。完成如图8-63所示图形，石膏板搭接的细节在主要构造层绘制完成后再处理。

选择门套处的18mm厚多层板图块，启动〖复制〗命令（快捷键CO），按空格键执行命令，指定基点为该图块右下方角点，插入点为横向石膏板的右上方角点；单击选择该多层板，单击左下角的蓝色三角箭头，光标向上移动，输入9，按空格键确认，修改多层板的厚度为9mm。

再次选择该多层板，启动〖移动〗命令（快捷键M），按空格键执行命令，指定基点为该多层板右下方角点，指定第二点为石膏板右上方角点；按空格键重复执行命令，选择对象为多层板下方的石膏板，按空格键确认选择对象，指定基点为石膏板左下方角点，插入点选择竖向石膏板左上方角点。完成如图8-64所示图形。

选择吊顶跌级处的次龙骨图块和覆面龙骨看线，启动〖复制〗命令（快捷键CO），按空格键执行命令，指定基点选择次龙骨图块的左下方角点，插入点选择窗帘盒多层板左上方角点。

启动〖剪切〗命令（快捷键TR），按两下空格键，对超出墙梁板的覆面龙骨看线进行修剪。

选择修剪过的覆面龙骨看线，启动〖偏移〗命令（快捷键O），按空格键指定偏移距离为20mm，按空格键指定目标点为该线段的下方。

把"DT-中线"图层设置为当前，启动〖图库管理〗命令（快捷键TKGL），执行图库管理命令，依次点选〖通用图库〗→〖室内图库〗→〖室内综合图库〗→〖室内吊顶龙骨配件〗→〖石膏板吊顶龙骨配件〗→〖收边龙骨〗，选择DU30图块，图块参数按照默认参数即可，如图8-65所示。

二维码8-10 门套及窗帘盒构造细节绘制视频

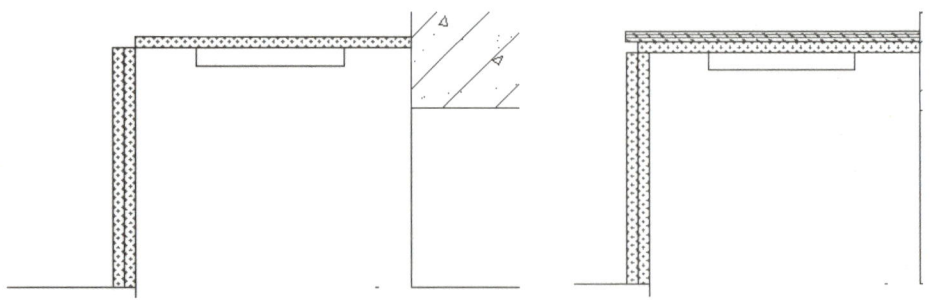

图8-63 窗帘盒石膏线绘制示意图（左）

图8-64 窗帘盒上部细木工板绘制示意图（右）

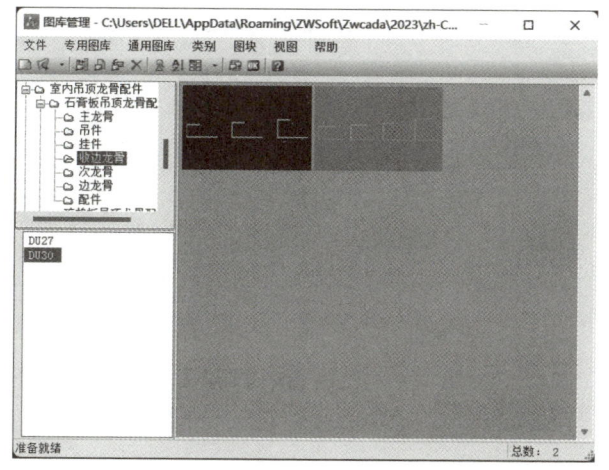

图 8-65 收边龙骨选择示意图

在绘图区窗帘盒附近鼠标左键单击，绘制收边龙骨图块。

选择该收边龙骨图块，启动〖分解〗命令（快捷键 X），按空格键执行命令。启动〖镜像〗命令（快捷键 MI），按空格键执行命令；选择分解后的收边龙骨图块，启动〖删除〗命令（快捷键 E），按空格键执行命令；选择镜像后的收边龙骨，切换到"DT-中线"图层，启动〖移动〗命令（快捷键 M），按空格键执行命令，指定基点为该收边龙骨右下方角点，插入点为覆面龙骨看线的右侧端点。完成如图 8-66 所示图形。

框选风口处的主龙骨及配件图形，启动〖复制〗命令（快捷键 CO），按空格键执行命令，指定基点选择龙骨吊挂件图块的下方中心点，插入点选择窗帘盒覆面龙骨看线的中心点；启动〖拉伸〗命令（快捷键 S），按空格键执行命令，从右至左框选膨胀螺栓图块和吊杆上半部分图形，按空格键确认选择的对象，指定基点为膨胀螺栓的垫片中心，插入点为图形与楼板线相交的垂足，完成如图 8-67 所示图形。

（7）完善客厅天花节点图形细节

依据施工规范和标准图集，完善天花节点的构造层细节。

启动〖图库管理〗命令（快捷键 TKGL），按空格键执行命令，依次点选

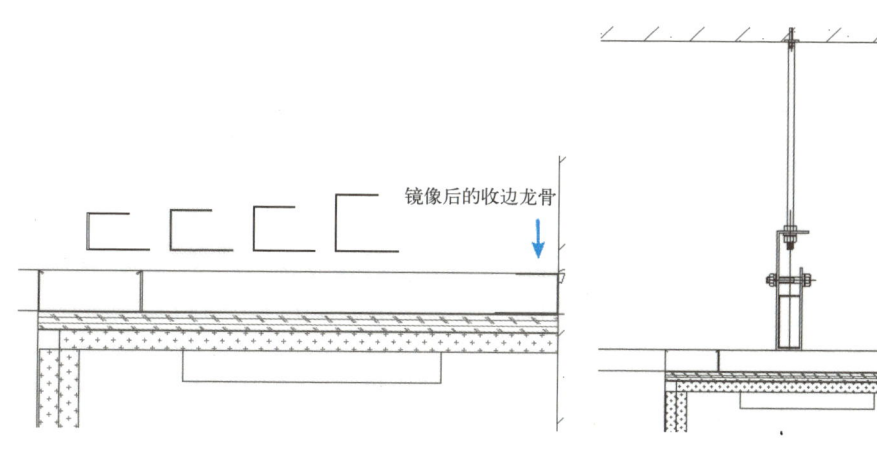

图 8-66 收边龙骨绘制示意图（左）
图 8-67 窗帘盒构造完成面示意图（右）

〖通用图库〗→〖室内图库〗→〖室内综合图库〗→〖动态基层板材〗，选择多层板，图块参数按照默认参数即可。

在绘图区灯带附近单击鼠标左键，完成多层板的绘制，并将其移动到灯带处的覆面龙骨上方。

选择该多层板，应用〖复制〗命令（快捷键CO），向上复制一层。

把灯带左侧竖向石膏板选中，拖拽延伸动态角点，垂直向上拖拽至覆面龙骨的上方。

选择跌级处竖向龙骨看线，应用〖偏移〗命令（快捷键O），将竖向龙骨看线向右偏移20个距离值。

选中多余的线条、辅助的构造线和灯带图块并删除。完成效果如图8-68所示。

选择灯带下方的一个多层板图块，启动〖复制〗命令（快捷键CO），按空格键执行命令，指定基点为多层板右上方角点，指定第二点为天花角线左上方角点，如图8-69所示。

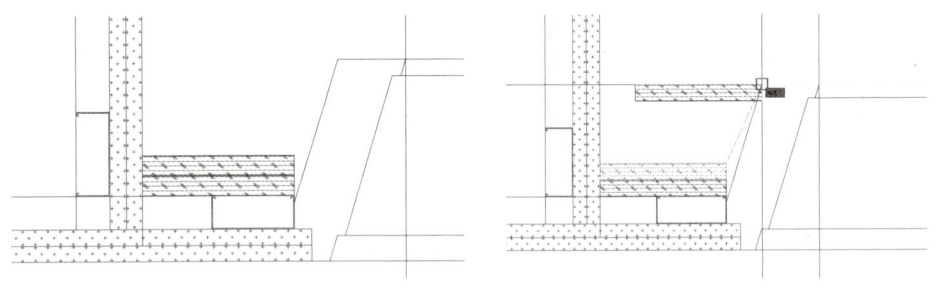

图8-68 灯带细木工板绘制示意图（左）
图8-69 异形装饰线水平细木工板绘制示意图（右）

选择复制完成的多层板，单击左下方角点，修改多层板厚度为9mm；选择该多层板，复制一个，启动〖旋转〗命令（快捷键RO），按空格键执行命令，旋转90°；选择竖向多层板，启动〖移动〗命令（快捷键M），按空格键执行命令，指定基点为竖向多层板左下方角点，插入点为天花角线与次龙骨图块的交点，如图8-70所示。

选择移动后的竖向多层板，拖拽延伸动态角点，垂直向下拖拽至横向多层板的下方；选择横向多层板，拖拽延伸动态角点，水平向右拖拽至竖向多层板延长线与横向多层板的交点；选择这两段多层板，启动〖分解〗命令（快捷键X），按空格键执行命令；再次选中，拖拽超出天花角线的交点至与天花角线相交处，如图8-71所示。

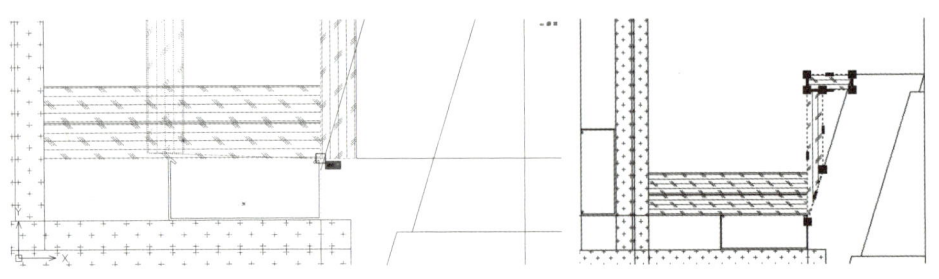

图8-70 异形装饰线垂直细木工板绘制示意图（左）
图8-71 异形装饰线细木工板交接绘制示意图（右）

启动〖直线〗命令（快捷键L），在多层板与天花角线内部绘制两条斜线；启动〖图库管理〗命令（快捷键TKGL），按空格键执行命令，依次点选〖通用图库〗→〖室内图库〗→〖室内综合图库〗→〖室内设备图例图块〗→〖其他〗，选择灯带01图块，图块参数比例设置为0.5；在灯槽的多层板中心点单击鼠标左键，完成灯带的绘制。天花角线和灯槽部分完成效果如图8-72所示。

完善金属天花角线构造细节。

启动〖图库管理〗命令（快捷键TKGL），依次点选〖通用图库〗→〖室内图库〗→〖室内综合图库〗→〖动态基层板材〗，选择多层板，图块参数转角设置为90，如图8-73所示，捕捉金属天花角线角点，完成多层板的绘制。

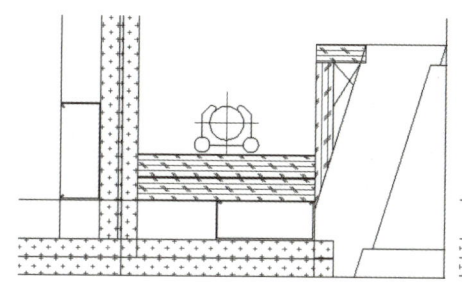 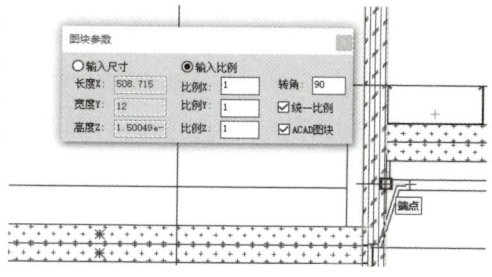

图8-72 灯带及异形装饰线构造完成面绘制示意图（左）

图8-73 动态基层板材绘制示意图（右）

选择该多层板，拖拽上下部分的延伸交点至合适的位置，选择该多层板，启动〖分解〗命令（快捷键X）；选中该多层板的图形边线，单击鼠标右键，选择打断工具，选取多层板底部边线为切断对象，交点为切断点，捕捉超出金属天花角线的交点，拖拽至与金属天花角线相交处，如图8-74所示。

依次调整石膏板、龙骨看线、次龙骨图块和金属天花角线的位置，启动〖偏移〗命令（快捷键O），按空格键执行命令，偏移距离为20mm，对次龙骨看线依次进行偏移；启动〖复制〗命令（快捷键CO），按空格键执行命令，复制次龙骨图块至下层覆面龙骨处，完成效果如图8-75所示。

二维码8-11 角线构造处理绘制视频

二维码8-12 拉铆钉图案绘制视频

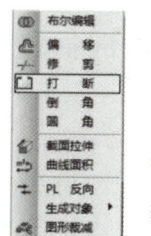 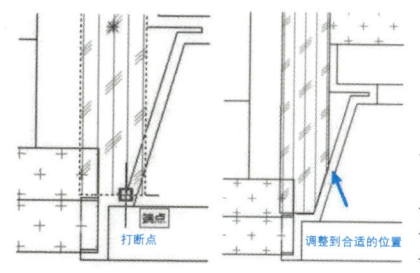 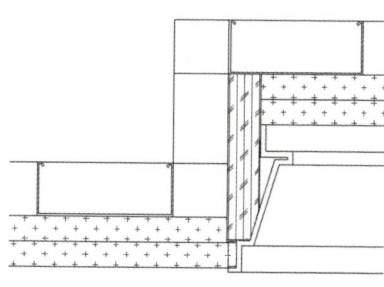

图8-74 动态基层板材打断点示意图（左）

图8-75 动态基层板材绘制效果示意图（右）

启动〖直线〗命令（快捷键L），按空格键执行命令，在绘制龙骨连接处绘制一条对角线。

绘制拉铆钉图案，启动〖圆〗命令（快捷键C），按空格键执行命令，当命令行提示指定圆的圆心时，按下Shift键的同时单击鼠标右键，选择两点之间的中点，选择斜线的端点和中心点，指定圆的半径输入2，如图8-76所示。

任务八　客厅天花节点大样图　119

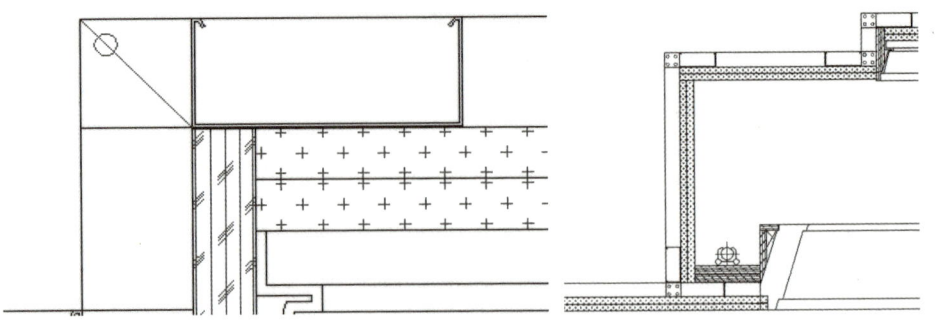

图 8-76 拉铆钉初步绘制示意图（左）
图 8-77 拉铆钉图案绘制示意图（右）

绘制拉铆钉图案，选择绘制的圆形，启动〖镜像〗命令（快捷键 MI），按空格键执行命令，指定镜像线的第一点为斜线的中心，指定镜像线的第二点，光标垂直向上，单击鼠标左键；按空格键，重复镜像命令，选择两个圆形，进行水平镜像；删除辅助的斜线对象，选择完成的拉铆钉图案，执行复制命令，粘贴至其余 3 处龙骨交接处；选择吊顶跌级处的竖向次龙骨图块，启动〖复制〗命令（快捷键 CO），按空格键执行命令，粘贴至竖向龙骨上部。完成效果如图 8-77 所示。

选择风口上方的主龙骨及配件图形，启动〖移动〗命令（快捷键 M），按空格键执行命令，向左移动至门套左侧上方处。拖拽楼板延长至与石膏板同样的长度，如图 8-78 所示。

选择主龙骨及配件图形，启动〖复制〗命令（快捷键 CO），按空格键执行命令，指定基点为吊挂件底部中心点，指定第二个点输入 800，按空格键确认，指定第二个点单击跌级处龙骨看线的中心点，完成 2 处主龙骨及配件图形的复制粘贴，如图 8-79 所示。

再次启动〖复制〗命令（快捷键 CO），按空格键执行命令，指定基点为吊挂件底部中心点，指定第二个点单击最上层跌级处左上方角点，完成最上层吊顶主龙骨及配件图形的复制。

启动〖拉伸〗命令（快捷键 S），按空格键执行命令，从右至左框选膨胀螺栓图块和吊杆上半部分图形，按空格键确认选择的对象，指定基点为膨胀螺栓的垫片中心，插入点为图形与楼板线相交的垂足。

选择上层吊顶主龙骨及配件图形，启动〖复制〗命令（快捷键 CO），按空格键执行命令，指定基点直接单击该图形底部中心点，当命令行提示"指定第

图 8-78 门窗套构造完成面绘制示意图（左）
图 8-79 主龙骨及配件复制示意图（右）

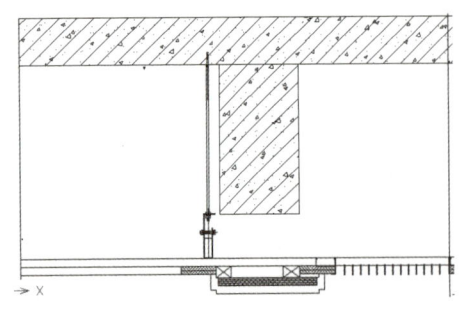
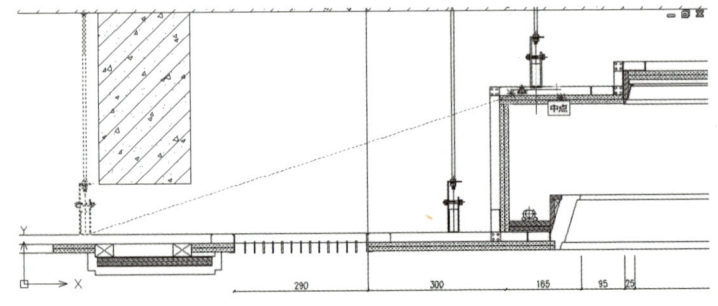

二个点或〖阵列（A）／等距（E）／等分（I）／沿线（P）＜使用第一点当做位移＞〗:"时输入 A，阵列的项目数为 4，指定第二个点输入距离 1000，按空格键确认，完成 4 个上层吊顶主龙骨及配件图形的复制，完成如图 8-80 所示。

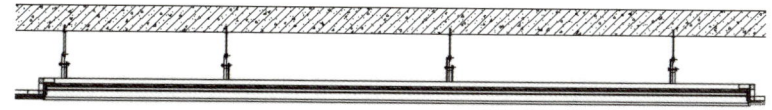

图 8-80 主龙骨及配件完成面示意图

依照本任务的绘制方法依次绘制该断面图的右侧部分，完成如图 8-81 所示图形。

（8）图纸布置

切换到布局空间，启动〖选项〗（快捷键 OP）命令，按空格键执行命令，打开"选项"对话框，调整布局颜色的统一背景和图纸背景均为黑色，如图 8-82 所示，勾选掉布局元素的"显示可打印区域"和"显示图纸背景"。

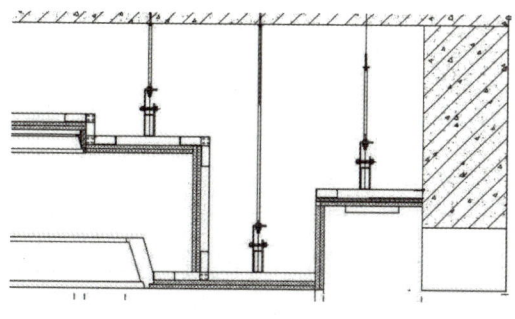

图 8-81 右侧主龙骨及配件完成面示意图

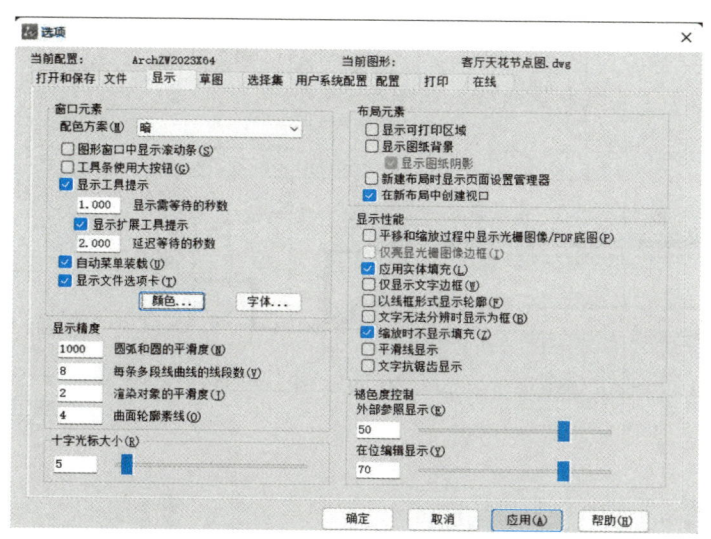

图 8-82 选项设置示意图

鼠标点击"布局1"选项卡，将操作界面切换至布局视口，启动〖插入图框〗命令（快捷键 CRTK），按空格键执行命令，鼠标点击选取"A3"图幅大小的图框；取消勾选"会签栏"，取消勾选"标题栏"，将 A3 空白图框插入至"布局空间"当中。

说明：如无特别说明文中"鼠标点击"指"鼠标左键点击"。

任务八　客厅天花节点大样图

启动〖矩形〗命令（快捷键 REC），按空格键执行命令，执行"绘制矩形"命令；绘制长 130mm、宽 24mm 的标题栏，并在图框中输入图纸信息，如图 8-83 所示。

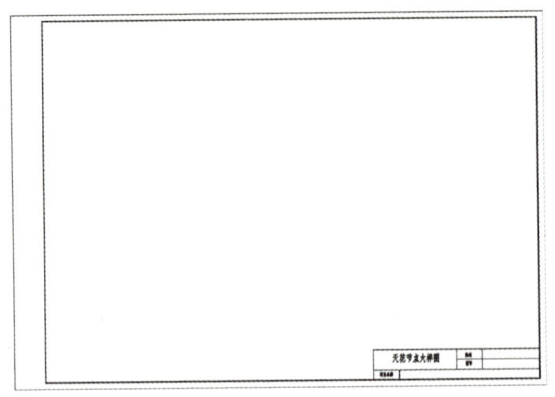

图 8-83 插入图框示意图

启动〖指定视口〗命令（快捷键 MV），按空格键执行命令，以对角线的形式，绘制一个合适大小的视口。双击进入视口中，使用鼠标滚轮，对模型中的天花节点图形进行位置和大小的调整，在视口比例处选择 1∶10 的比例。

再次调整和完善视口线的大小以及图形位置，接着启动〖复制〗命令（快捷键 CO），按空格键执行命令，向右复制一个视口，调整视口线大小及图形位置，双击进入视口，锁定视口比例 1∶10。

二维码 8-13 视口的创建绘制视频

选择右侧视口线，启动〖移动〗命令（快捷键 M），按空格键执行命令，水平向右移动 2 个距离值，并按 1∶1 绘制折断线，如图 8-84 所示。

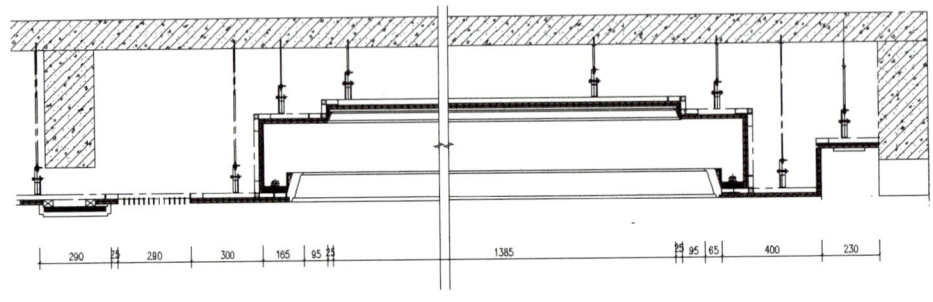

图 8-84 天花节点视口绘制完成面示意图

（9）尺寸标注

在布局空间，启动〖逐点标注〗命令（快捷键 ZDBZ），逐点标注比例因子设置为 10∶1，如图 8-85 所示。

图 8-85 比例因子调整示意图

依次对节点图形进行标注，双击折断符号下方尺寸标注上的数字，修改为 3120；使用标高标注，依次对吊顶进行标高标注，完成如图 8-86 所示图形。

（10）文字注释

在布局空间，启动〖箭头引注〗命令（快捷键 JTYZ），按空格键执行命令，"箭头文字"对话框设置如图 8-87 所示。

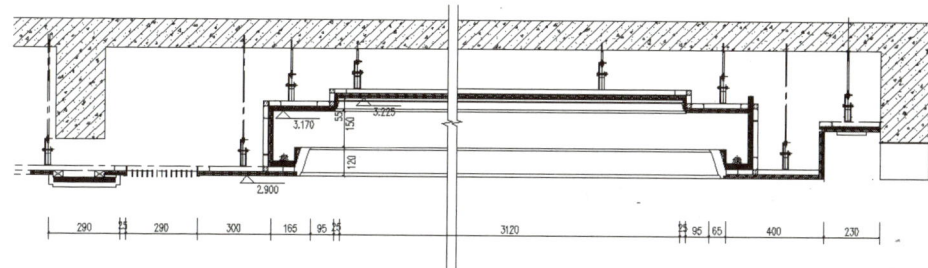

图 8-86 修改尺寸标注示意图

依次对节点图形进行文字注释，在布局空间，执行〖图名标注〗命令，绘制"客厅天花节点图"图名，比例注写1∶10，完成如图8-88所示。

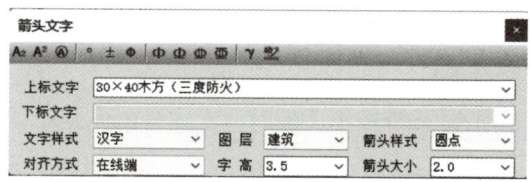

图 8-87 "箭头文字"对话框设置示意图

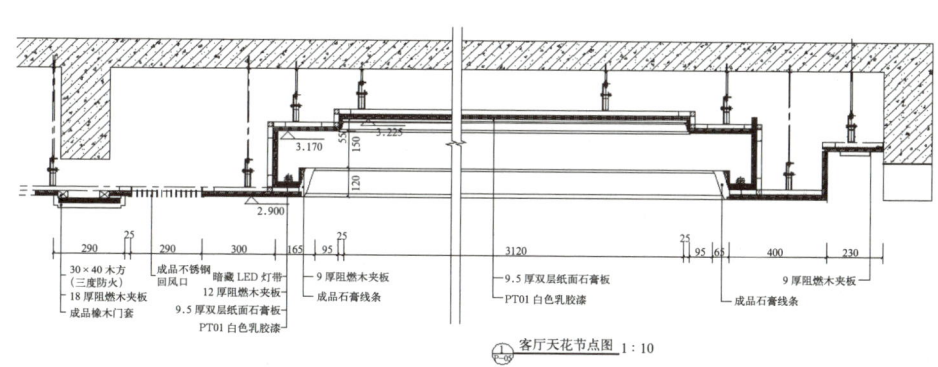

图 8-88 客厅天花大样图

8.5 任务评价

任务自评 (20%)	客厅天花节点大样图绘制完整	□ 很好	□ 较好	□ 一般	□ 还需努力
	内容表达清晰准确	□ 很好	□ 较好	□ 一般	□ 还需努力
	符合制图规范	□ 很好	□ 较好	□ 一般	□ 还需努力
小组互评 (40%)	客厅天花节点大样图绘制整体效果	□ 优	□ 良	□ 中	□ 差
教师评价 (40%)	客厅天花节点大样图绘制质量	□ 优	□ 良	□ 中	□ 差

8.6 任务小结

8.6.1 通过本次任务熟练掌握

(1) 轻钢龙骨吊顶主次龙骨节点图绘制方法。
(2) 轻钢龙骨吊顶灯槽、窗帘盒节点图绘制方法。

8.6.2 知识及能力测试题

1. 单项选择题

(1) 潮湿房间次龙骨间距宜为（　　）mm。
A.300　　　　　B.400　　　　　C.500　　　　　D.600

(2) 质量小于（　　）kg的灯具设施应安装在次龙骨上。
A.3　　　　　　B.1　　　　　　C.2　　　　　　D.5

(3) 吊顶布置图构造中主龙骨间距宜为（　　）mm。
A.800~1000　　B.900~1200　　C.900~1500　　D.800~1500

(4) 吊点距离主龙骨端部间距不应大于（　　）mm。
A.300　　　　　B.500　　　　　C.350　　　　　D.400

(5) 采用9.5mm厚纸面石膏板作面板时，次龙骨的间距不得超过（　　）mm。
A.300　　　　　B.450　　　　　C.500　　　　　D.600

2. 填空题

(1) 上人吊顶，可设置临时检修马道，一般承重荷载需不大于（　　）kg。

(2) 用于整体面层吊顶的常用龙骨截面形式有：（　　）形和（　　）形。

(3) 质量小于（　　）kg的筒灯、石英灯等设施可直接安装在纸面石膏板上。

3. 实操题

运用建筑CAD熟练绘制图8-89中指定吊顶处的深化节点图。

图8-89　吊顶节点剖切位置图

二维码8-14　任务八·客厅天花节点大样图课件资源

二维码8-15　习题参考答案

建筑装饰施工一体化技能实训

任务九　卫生间洗手台节点大样图

  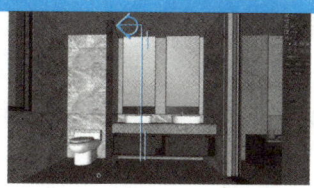 

9.1　教学目标

1．知识目标

(1) 熟悉洗手台柜体节点构造；

(2) 掌握绘制洗手台柜体节点图步骤和方法。

2．能力目标

(1) 能够使用建筑 CAD 绘制洗手台柜体节点图；

(2) 能按相关规范要求审核节点构造合理性。

3．思政元素

(1) 树立可持续发展节能观，不断增强节能意识；

(2) 培养严谨认真的职业精神，厚植知行合一的职业理念；

(3) 强调遵守标准和规范的重要性；

(4) 具有工程思维与创新意识。

9.2　任务与分析

1．任务目的

(1) 通过分析渲染图片中剖切位置节点构造绘制出节点图；

(2) 熟练掌握绘制过程中使用的命令和绘图方法。

2．任务分析

根据渲染模型或者图片对图 9-1 指定节点进行绘制，节点绘制内容应遵循节点剖切线覆盖范围内的所有节点详图，从上到下包括顶棚面节点图、洗手台柜体节点图以及剖切到的墙体基层、楼地面基层及其饰面做法。

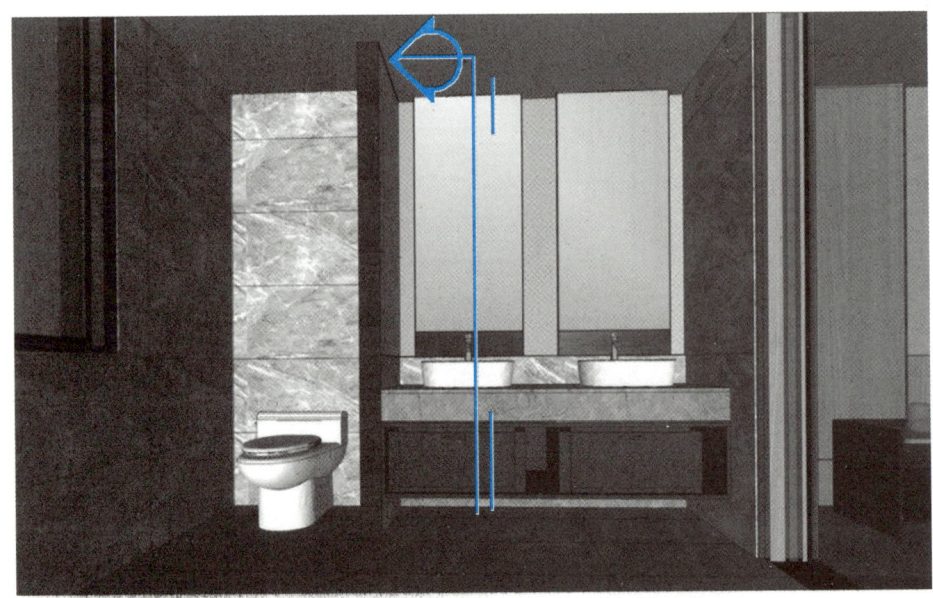

图 9-1　卫生间节点剖切位置图

9.3 基础知识

1. 洗手台柜体节点大样图的绘制内容

（1）绘制洗手台柜体内部节点构造，包括绘制柜体构造线、使用的材料、隐藏的连接材料及配件，注明材料的种类、规格、型号及加工方法等施工要求。

（2）注明柜体的骨架、基层及面层的连接材料、加工工艺及详细尺寸。

（3）注明柜体与墙面的安装方式及固定做法。

（4）标注柜体收口、收边的加工方法及尺寸。

（5）标注柜体面层的材料种类、尺寸、规格、型号以及标注柜体节点大样图详图符号、绘制比例、图纸名称。

2. 洗手台柜体节点大样图的绘制要求

（1）以粗实线绘制卫生间洗手台的断面轮廓线。

（2）绘制洗手台柜体内部的构造线及剖切方向能看到的轮廓。

（3）绘制不同装饰材料的填充图例。

（4）绘制引线、标注洗手台构造做法和材料名称以及绘制与柜体相连接的墙体，注明构造做法。

9.4 任务实施

1. 节点绘图环境设置

（1）绘图环境设置表（表9-1）

节点绘图环境设置　　　　表9-1

图层名称	颜色	线型	线宽（mm）	备注
墙体填充	8	连续	默认	
墙面完成面	13	连续	默认	
DT-粗线	40	连续	0.25	节点轮廓线
DT-中线	50	连续	0.18	节点构造线
DT-细线	135	连续	0.13	节点内部线
DT-填充	254		0.13	
SH-尺寸标注	80		0.13	
SH-文字标注	60		0.13	

（2）字体设置

启动〖文字样式管理器〗命令（快捷键ST）。

新建文字样式，输入样式名：汉字，文本字体选择：宋体，宽度因子为0.7，如图9-2所示。

新建文字样式，输入样式名：非汉字，文本字体选择：simplex.shx，宽度因子为0.7，大字体选择：HZTXT.SHX，如图9-3所示。

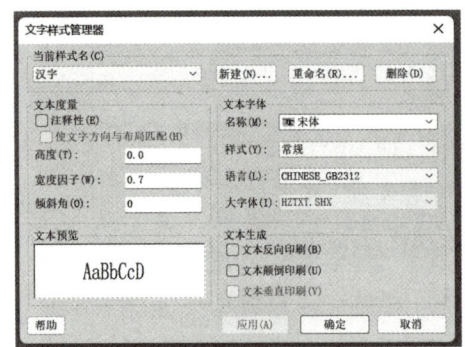 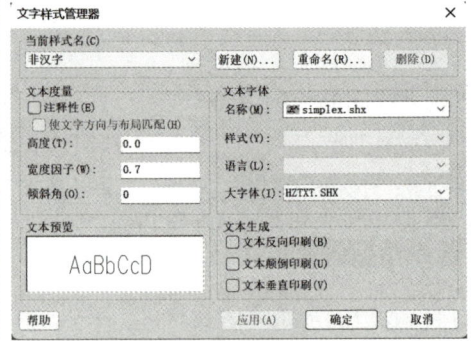

图 9-2 汉字设置（左）
图 9-3 非汉字设置（右）

（3）标注设置

输入快捷键 D，启动〖标注样式管理器〗，在出现的"标注样式管理器"对话框中点击选择已建标注样式"LINEAR10"，点击"修改"，把尺寸线和尺寸界线改为 44 号色，文字改为非汉字，颜色改为黄色，点击"确定"。

二维码 9-1　绘图环境设置视频

2. 卫生间洗手台节点大样图绘制

（1）绘制楼板及墙体

将 DT- 粗线图层设置为当前，应用〖直线〗命令（快捷键 L），绘制两条直线，形成一个楼板与墙体的夹角。

绘制墙体，启动〖偏移〗命令（快捷键 O），按空格键执行命令，在命令行"指定偏移距离或 [通过（T）/擦除（E）/图层（L）]< 通过 >："提示下，输入偏移距离 200mm，选择墙体的直线，向外偏移；继续执行〖偏移〗命令，输入偏移距离 120mm，选择表示楼板的直线，向下偏移。

启动〖倒角〗命令（快捷键 CHA），按空格键执行命令，在命令行"第一条直线或 [多段线（P）/距离（D）/角度（A）/方式（E）/修剪（T）/多个（M）/放弃（U）]："提示下输入 D，设置半径为 4，分别点选刚刚偏移的两条直线。

启动〖延伸〗命令（快捷键 EX），按空格键两下执行命令，在命令行"选择要延伸的实体，或按住 Shift 键选择要修剪的实体，或 [边缘模式（E）/围栏（F）/窗交（C）/投影（P）/放弃（U）]< 通过 >："提示下，点选楼地面的直线，延伸到刚刚偏移的墙体线。绘制完成如图 9-4 所示。

（2）绘制地面完成面构造层的厚度

启动〖偏移〗命令（快捷键 O），按空格键执行命令，输入偏移距离 20mm，绘制 20mm 厚 1∶3 水泥砂浆找平层。

启动〖偏移〗命令（快捷键 O），按空格键执行命令，输入偏移距离 1.5mm，绘制 1.5mm 厚聚氨酯防水层。

启动〖偏移〗命令（快捷键 O），按空格键执行命令，输入偏移距离 10mm，绘制 10mm 厚 1∶2.5 水泥砂浆保护层。

启动〖偏移〗命令（快捷键 O），按空格键执行命令，输入偏移距离 20mm，绘制 20mm 厚 1∶3 水泥砂浆找平层。

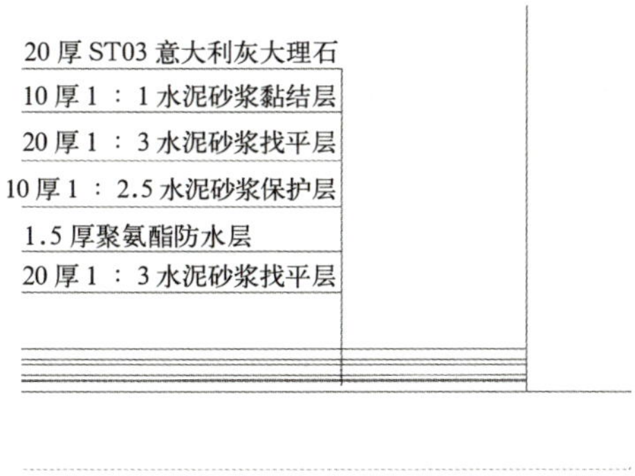

20 厚 ST03 意大利灰大理石
10 厚 1：1 水泥砂浆黏结层
20 厚 1：3 水泥砂浆找平层
10 厚 1：2.5 水泥砂浆保护层
1.5 厚聚氨酯防水层
20 厚 1：3 水泥砂浆找平层

图 9-4　楼板及墙体线绘制（左）
图 9-5　绘制地面构造层次（右）

启动〖偏移〗（快捷键 O）命令，按空格键执行命令，输入偏移距离 10mm，绘制 10mm 厚 1：1 水泥砂浆粘结层；输入偏移距离 20mm，绘制 20mm 厚 ST03 意大利灰色大理石。

选择完成面这条线，选择 DT- 粗线图层。

选择刚刚偏移的完成面以外的线，选择 DT- 中线图层。启动〖修剪〗命令（快捷键 TR），按空格键执行命令，选择楼板线以上的伸入墙体部分全部地面构造层次线，修剪多余部分。绘制完成如图 9-5 所示。

（3）绘制墙面的墙砖

选择墙面线，启动〖偏移〗命令（快捷键 O），按空格键执行命令，依次完成偏移距离 20mm、10mm、10mm，绘制 20mm 厚的水泥砂浆找平、10mm 厚 1：1 水泥砂浆黏结、10mm 厚墙砖，选择偏移后的完成面线切换到 DT- 粗线图层，绘制好墙砖完成面，其他构造层次线切换到 DT- 中线图层，修剪多余部分。绘制完成如图 9-6 所示。

（4）绘制洗手台柜体

启动〖偏移〗命令（快捷键 O），按空格键执行命令，将地面完成面线向上偏移 200mm，绘制柜体下口轮廓线，再依次向上偏移 360mm、12mm、188mm、20mm。

启动〖偏移〗命令（快捷键 O），按空格键执行命令，墙体完成面线向左偏移 630mm，绘制好柜体外轮廓线，将左右两侧轮廓线向内偏移 25mm，将柜体下口轮廓线向上偏移 20mm，依次绘制好柜体厚度，调整图层；启动〖修剪〗命令（快捷键 TR），修剪多余部分。

启动〖倒角〗命令（快捷键 CHA），按空格键执行命令，设置倒角距离为 5mm，绘制石材台面边缘倒角。

启动〖矩形〗命令（快捷键 REC），按空格键执行命令，绘制 12mm×12mm 的矩形，向内偏移 2mm，修剪多余部分，将柜体凹槽处绘制完整。

洗手台柜体内部线放置于 DT- 中线图层，洗手台柜体表面线放置于 DT- 粗线图层，绘制完成如图 9-7 所示。

任务九　卫生间洗手台节点大样图

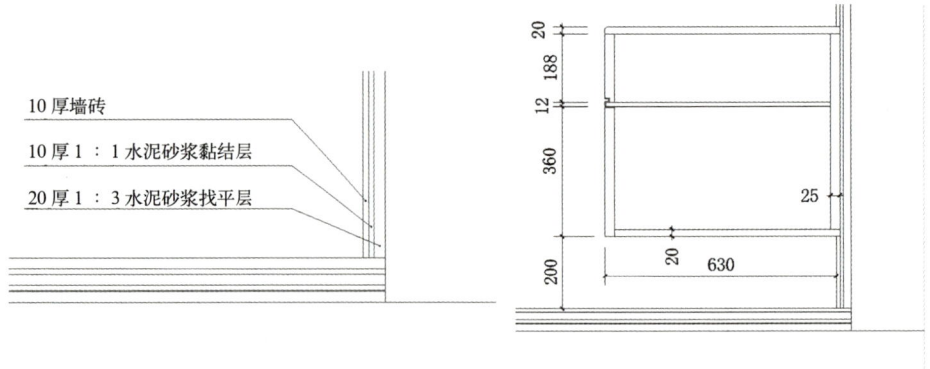

图 9-6 绘制墙面的构造层次

图 9-7 绘制洗手台柜体

(5) 绘制洗手台柜体抽屉

启动〖偏移〗命令（快捷键 O），按空格键执行命令，柜体底板轮廓线向上偏移 5mm，留出抽屉与柜体缝隙，再次偏移 25mm、225mm、55mm，绘制抽屉底板厚度及抽屉上轮廓线。

启动〖偏移〗命令（快捷键 O），按空格键执行命令，将柜体轮廓线向左偏移 20mm，绘制抽屉侧板与柜体背板的距离，再向左偏移 20mm，绘制出侧板厚度；启动〖修剪〗命令（快捷键 TR），修剪多余部分。

启动〖矩形〗命令（快捷键 REC），按空格键执行命令，绘制 30mm×30mm 正方形拉手，放置至如图 9-8 所示位置。

(6) 绘制镀锌方管

选择 DT-细线图层，启动〖矩形〗命令（快捷键 REC），按空格键执行命令，绘制 40mm×40mm 的矩形，将矩形向内偏移 3mm，绘制好镀锌方管。

启动〖移动〗命令（快捷键 M），按空格键执行命令，选择镀锌方管，点选左上方角点为基点，放置石材台面下方。

启动〖复制〗命令（快捷键 CO），按空格键执行命令，选择刚刚绘制的两个方管，复制镀锌方管框架至如图 9-9 所示位置。

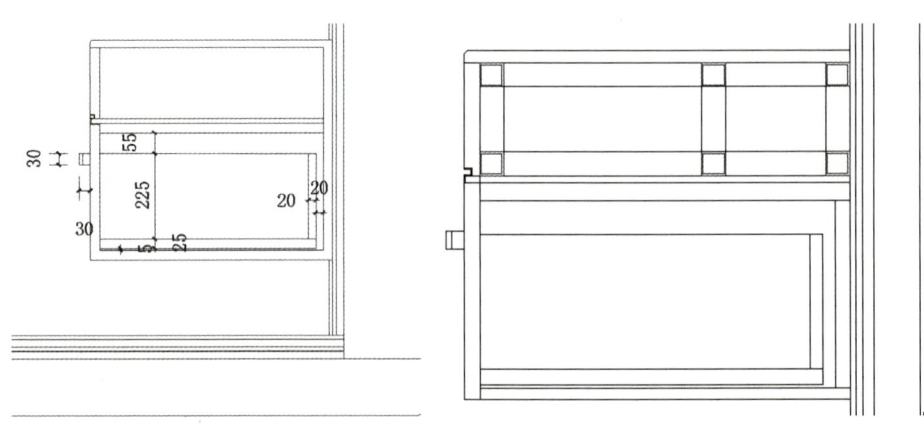

图 9-8 柜体构造图（左）

图 9-9 镀锌方管框架图（右）

（7）绘制台盆

启动〖偏移〗命令（快捷键O），按空格键执行命令，将台面线向上偏移140mm，台面外边缘线向右偏移300mm，找到台盆中线。

启动〖圆形〗命令（快捷键C），按空格键执行命令，以台盆上口向下70mm与中线交点为圆心，绘制半径为202mm及214mm的圆，修剪多余部分，应用〖弧形〗（快捷键ARC）命令绘制台盆内轮廓线。

启动〖矩形〗命令（快捷键REC），按空格键执行命令，自定义尺寸绘制水龙头示意图，如图9-10所示。

台盆内部线放置于DT-中线图层，台盆表面线放置于DT-粗线图层。

（8）绘制洗手台上柜

启动〖偏移〗命令（快捷键O），按空格键执行命令，将墙面构造线向左依次偏移30mm、12mm、8mm，绘制出镀锌钢管、基层阻燃板及银镜的厚度，调整银镜与基层材料的连接部位；洗手台上柜距离台盆底面166mm。

启动〖直线〗命令（快捷键L），按空格键执行命令，绘制金属不锈钢包边，包边深度50mm、高度150mm、厚度2mm。

启动〖复制〗命令（快捷键CO），按空格键执行命令，选择矩形镀锌方管，点选左上方角点为基点，放置镀锌钢管构造点，位置如图9-11所示。

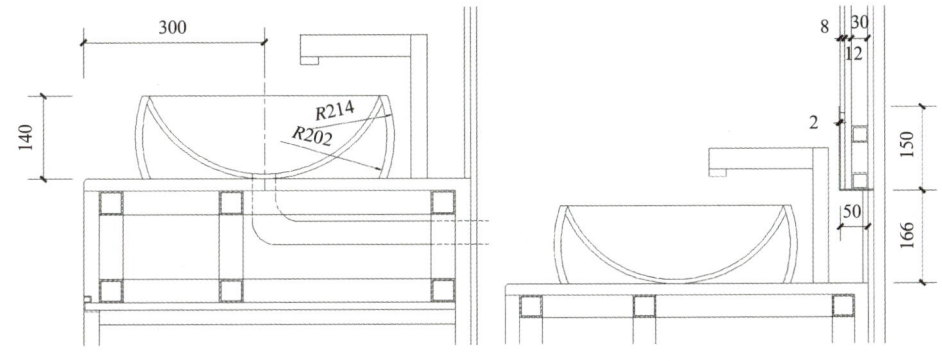

图9-10 台盆绘制图（左）

图9-11 洗手台上柜绘制图（右）

（9）天花完成面绘制

启动〖直线〗命令（快捷键L），按空格键执行命令，从银镜下口绘制高1390mm的直线，找到天花的完成面线。

选择天花的完成面线，依次偏移9.5mm、9.5mm、20mm，绘制双层9.5mm厚石膏板及轻钢龙骨厚度。

绘制顶面夹角处基层板材、金属不锈钢及银镜上口。

调整图层至DT-细线，打开图库管理，找到次龙骨，放置到指定位置。

启动〖图库管理〗命令（快捷键TKGL），按空格键执行命令，打开"图库管理"对话框，找到吊件，选择合适的吊件，复制次龙骨，旋转调整后与吊件组合。

二维码9-2 洗手台柜盆绘制视频

任务九 卫生间洗手台节点大样图

重复执行〖图库管理〗命令（快捷键 TKGL），找到膨胀螺栓，缩小到合适尺寸，放置到合适的位置。

重复执行〖图库管理〗命令（快捷键 TKGL），找到收边龙骨，选择合适的收边龙骨，调整方向，放置到合适的位置，如图 9-12 所示。

（10）卫生间洗手台各材质填充

楼板填充。启动〖图案填充〗命令（快捷键 H），按空格键执行命令，找到混凝土填充图例，填充比例输入 15。

墙体填充。启动〖图案填充〗命令（快捷键 H），按空格键执行命令，找到普通砖填充图例，填充比例输入 25。

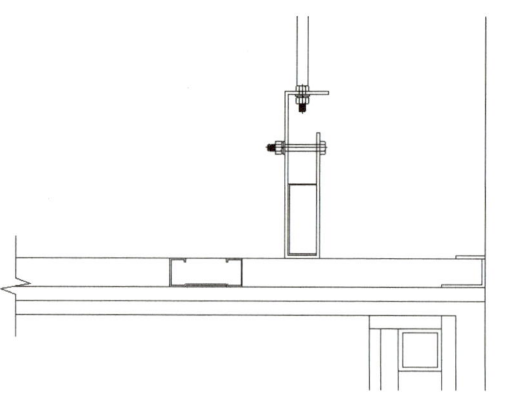

图 9-12 天花完成面绘制

镀锌方管填充。启动〖图案填充〗命令（快捷键 H），按空格键执行命令，找到金属图例，填充比例输入 2。

基层板材填充。启动〖图案填充〗命令（快捷键 H），按空格键执行命令，找到木纹图例，填充比例输入 8。

银镜填充。启动〖图案填充〗命令（快捷键 H），按空格键执行命令，找到玻璃 2 图例，填充比例输入 2。

金属不锈钢填充。启动〖图案填充〗命令（快捷键 H），按空格键执行命令，找到 SOLID 图例，填充比例输入 1。

石材填充。启动〖图案填充〗命令（快捷键 H），按空格键执行命令，找到大理石图例，填充比例输入 5。

二维码 9-3 浴室镜天花绘制视频

石膏板填充。启动〖图案填充〗命令（快捷键 H），按空格键执行命令，找到石膏板图例，填充比例输入 2。

水泥砂浆填充。启动〖图案填充〗命令（快捷键 H），按空格键执行命令，找到粉刷图例，填充比例输入 3。

面砖填充。启动〖图案填充〗命令（快捷键 H），按空格键执行命令，找到饰面砖图例，填充比例输入 5。

3．卫生间洗手台节点大样图标注

（1）卫生间洗手台尺寸标注

调整到布局，启动〖插入图框〗（快捷键 CRTK）命令，调整视口，将图调整到合适的比例，显示锁定。

二维码 9-4 材料填充绘制视频

将视口调整至合适位置，复制视口，调整到合适位置，折断的部分绘制折断符号，如图 9-13 所示。

启动〖标注样式管理器〗（快捷键 D），按空格键执行命令，将标注样式"LINEAR10"设置为当前；调整比例因子，对卫生间洗手台各部分逐一进行标注。

绘制地面标高，修改折断处尺寸标注。

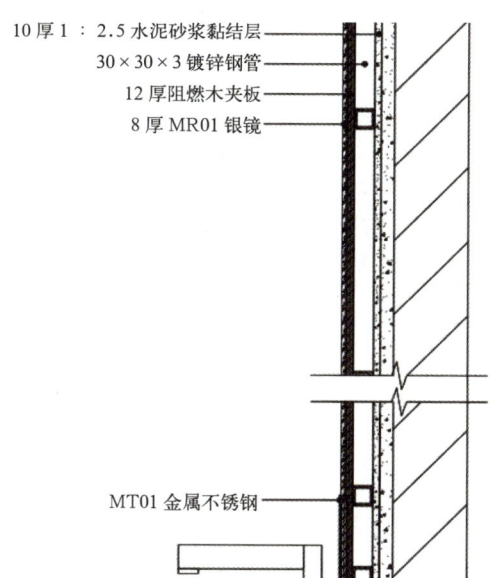
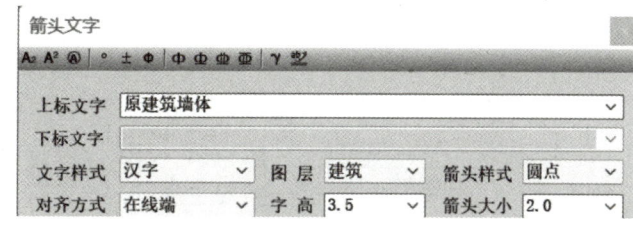

图 9-13 布局空间图形（左）

图 9-14 箭头文字管理器（右）

（2）卫生间洗手台文字标注

启动〖引出标注〗命令（快捷键 YCBZ），按空格键执行命令，"箭头文字"对话框中文字样式选择"汉字"，字高选择"3.5"，箭头样式选择"圆点"，箭头大小选择"2.0"，上标文字输入"原建筑墙体"，如图 9-14 所示，标注到对应位置。

复制原建筑墙体标注至其他需要文字标注的位置，逐一修改文字内容，完成文字标注。

二维码 9-5 材料及尺寸标注视频

4. 卫生间洗手台图名、比例

绘制图名、比例、详图符号，如图 9-15 所示。

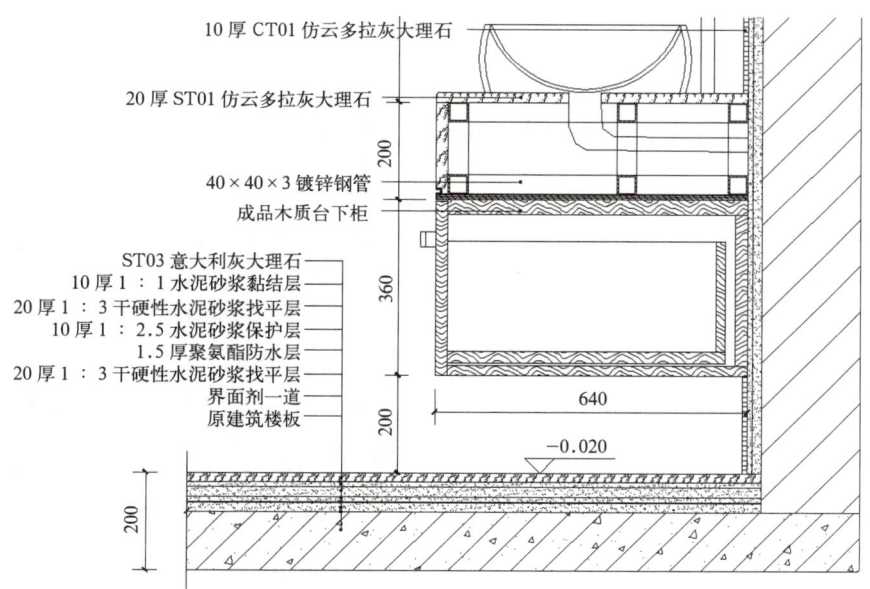

图 9-15 卫生间洗手台节点大样图

任务九 卫生间洗手台节点大样图 133

9.5 任务评价

任务自评 (20%)	卫生间洗手台节点大样图绘制完整	□ 很好	□ 较好	□ 一般	□ 还需努力
	内容表达清晰准确	□ 很好	□ 较好	□ 一般	□ 还需努力
	符合制图规范	□ 很好	□ 较好	□ 一般	□ 还需努力
小组互评 (40%)	卫生间洗手台节点大样图绘制整体效果	□ 优	□ 良	□ 中	□ 差
教师评价 (40%)	卫生间洗手台节点大样图绘制质量	□ 优	□ 良	□ 中	□ 差

9.6 任务小结

9.6.1 通过本次任务熟练掌握以下节点的绘制方法

（1）卫生间柜体节点图绘制方法。

（2）卫生间洗手盆节点图绘制方法。

（3）卫生间银镜节点绘制方法。

9.6.2 知识及能力测试题

1. 单项选择题

（1）以下命令可以作为〖倒角〗命令快捷键的是（　　）。

A.O　　　　　　　B.H　　　　　　C.CHA　　　　　　D.M

（2）〖圆角〗命令的快捷键是（　　）。

A.O　　　　　　　B.H　　　　　　C.F　　　　　　　D.AR

（3）《建筑法》规定：设计文件选用的建筑材料、建筑构配件和设备，应当注明其（　　）等技术指标，其质量必须符合国家规定的标准。

A．规格、型号、性能　　　B．高低、型号、性能

C．大小、型号、性能　　　D．数量、型号、性能

（4）假想用一平面把建筑物沿垂直方向切开，切面后部分的正投影图是（　　）。

A．平面图　　　B．剖面图

C．立面图　　　D．轴测图

（5）在设计图纸时，设计师要具备（　　）空间形态意识。

A．二维　　　　B．三维

C．四维　　　　D．五维

2. 实操题

运用建筑CAD熟练绘制图9-16中指定浴柜处的深化节点图。

二维码9-6　任务九 卫生间洗手台节点大样图课件资源

二维码9-7　习题参考答案

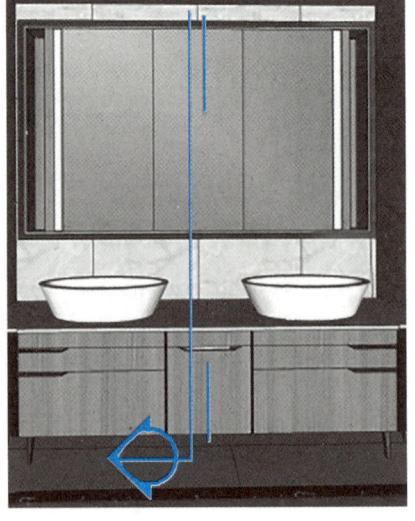

图9-16　浴柜节点剖切位置图

建筑装饰施工一体化技能实训

10

任务十　客厅墙面硬包大样图

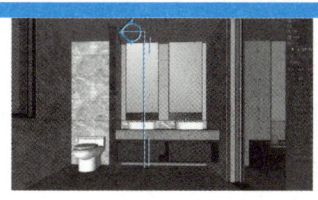

10.1 教学目标

1. 知识目标
(1) 熟悉墙面硬包的饰面层、基层、结构层完成面的构造关系；
(2) 掌握墙面硬包节点深化设计方法。

2. 能力目标
(1) 能使用建筑 CAD 绘制墙面硬包节点大样图；
(2) 能使用建筑 CAD 表达清楚硬包与金属收边条的收口关系。

3. 思政元素
(1) 树立环保意识，培养可持续发展环保理念；
(2) 培养严谨认真的职业精神，厚植知行合一的职业理念；
(3) 强调遵守标准和规范的重要性；
(4) 具有工程思维与创新意识。

10.2 任务与分析

1. 任务目的

根据实训任务案例中所提供的 BIM 三维模型、方案效果图与施工图，依据图纸中的节点索引位置，完成客厅墙面硬包节点的深化设计，根据此实训任务内容练习，达到任务目的。

(1) 表达清楚金属收边条与硬包两种材料的交接、造型、尺寸、收口处理、内部构造和安装方式。
(2) 依据设计提资中的平立面图纸和三维模型，分析装饰构造，并将正确的建筑构造绘制在图纸当中。
(3) 分析装饰完成面的厚度，选取适用的饰面材料、基层材料和龙骨。

2. 任务分析
(1) 熟悉墙面硬包施工工艺。
(2) 掌握墙面硬包收口工艺的分析绘制。
(3) 能够完成墙面硬包节点图的绘制。

10.3 基础知识

1. 硬包材质解析

(1) 硬包是指一种在室内装饰构造表面用面料贴在基层板上包装的装饰方法；直接将面料"扪"或"黏"在基层板上，用于室内装饰的板材叫作硬包。与软包主要的区别就是硬包没有填充物。

(2) 硬包自身的材料主要由板材、面料这两部分组成，其材料特征如下所示。板材：密度板（最常用）、阻燃板、玻镁板；面料：PVC 面料（质地硬、耐磨)、PU（手感柔软）、布料（防潮、吸湿、耐脏，最为常用）、皮革（质感强、个性强）、壁纸。

（3）硬包和软包的不同点在于内部填充物的有无——软包具有内部填充物，所以面料必须采用有韧性的布料或者皮革来做；硬包基层和面料黏在一起，所以，对于面料的韧性要求不高，普通的壁纸也能被用于硬包饰面。

（4）硬包对于面料没有过多的要求，但因为要保证其自身的强度，所以对板材的强度有很高的要求；因此在很多项目当中，除了采用高密度板之外，也会使用玻镁板作为硬包的基层板材。

（5）采用硬包饰面的效果和直接贴墙纸墙布或者做木饰面类似，但通过硬包的分割处倒角或者贴不锈钢收边条，能够使空间在纵向上有更多的细节，因此，在越来越多的设计案例中，硬包造型被选作为墙面装饰面。

2. 硬包的工艺节点构造

（1）从构造做法和工艺节点上来说，硬包的安装方式、节点构造主要分为"胶黏"和"干挂"两种类型。

（2）胶黏的做法是目前最主流的安装软硬包的方式，因为其相较于干挂做法，成本更低，安装更快。使用的材料包括结构胶、环保胶、硅酮玻璃胶等。

（3）由于硅酮玻璃胶会释放甲醛，所以胶黏的做法有一定的限制，在环保要求高的项目中使用频率较低；干挂的做法相对于胶黏做法而言，更牢固、更安全，使用频率较高。在实际工程项目应用中干挂的做法造价更高、完成面要求也更多。

10.4 任务实施

1. 确定节点绘制范围

查看设计提资以及设计任务书中节点剖切索引号的位置，确定剖切索引号的起始位置，确定客厅墙面硬包节点大样绘制范围。如图 10-1 所示，注意施工图看线的位置，在绘制施工图时不仅要将节点范围绘制正确，同时也要根据看线位置，按照"从左向右"的绘图顺序，正确地绘制节点图。

图 10-1 剖切位置分析图

2. 查看设计提资

查看设计提资，观察方案效果图以及施工图的平面图和立面图部分，测量客厅硬包区域装饰完成面的厚度，并根据厚度思考硬包的基层做法和材料之间的收口方式，打开施工图文件，找到平面布置图，启动〖逐点标注〗命令（快捷键 ZDBZ），按空格键执行命令，测量客厅硬包的装饰面完成厚度，测量结果为 50mm，以该数据为准，由外向基层墙体逆向推测，减去硬包以及防火阻燃夹板的厚度，确定以 "'U'形夹+50 覆面龙骨" 为结构层。

3. 绘图环境设置表

打开建筑 CAD，客厅墙面硬包大样图新建图层设置要求可参考表 10-1，为了提高绘图效率，在大样图的图层设置上尽量简化。

节点绘图环境设置　　　　　　　　　　表10-1

图层名称	颜色	线型	线宽（mm）	备注
墙体填充	8	连续	默认	
墙面完成面	13	连续	默认	
结构轮廓线	200	连续	0.25	
DT-粗线	40	连续	0.25	节点轮廓线
DT-中线	50	连续	0.18	节点构造线
DT-细线	135	连续	0.13	节点内部线
DT-填充	254		0.13	
SH-尺寸标注	80		0.13	
SH-文字标注	60		0.13	
视口	160	CENTER	0.2	

4. 设置打印样式

创建属于自己的绘图环境，根据已经设置好的图层，启动〖打印〗命令（快捷键 Ctrl+P），按空格键执行命令，打开 "打印-布局" 对话框，创建符合制图规范的打印样式。如图 10-2 所示，在 "打印-布局" 对话框当中，鼠标点击 "打印样式表" 中 "新建（N）"。

在 "添加颜色相关打印样式表" 对话框当中，找到 "开始" 卷展栏，使用鼠标左键点击 "使用草稿创建（S）"，最后鼠标左键单击 "下一页（N）"，如图 10-3 所示。

在 "表名称" 卷展栏中，使用鼠标单击 "打印样式表名称（P）"，输入 "墙面硬包大样节点图打印样式" 作为打印样式的名称，最后点击 "下一页（N）"，如图 10-4 所示。

最后，在 "完成" 卷展栏中，使用鼠标点击勾选 "在当前布局使用这个打印样式表（U）" 并点击 "打印样式表编辑器（E）..."，完成创建自己的打印样式，并且为下一步修改编辑打印样式表作准备，如图 10-5 所示。

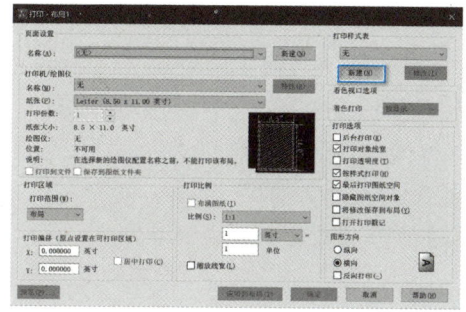
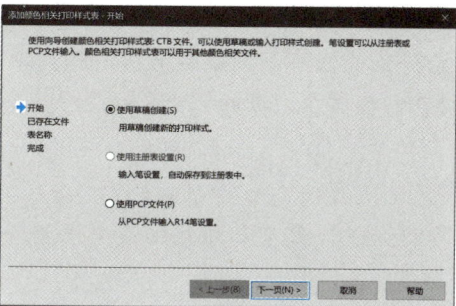

图 10-2 创建打印样式(左)

图 10-3 "添加颜色相关打印样式表-开始"对话框设置界面(右)

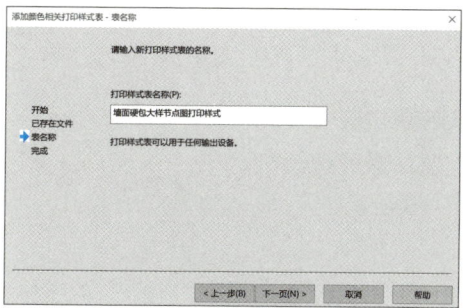
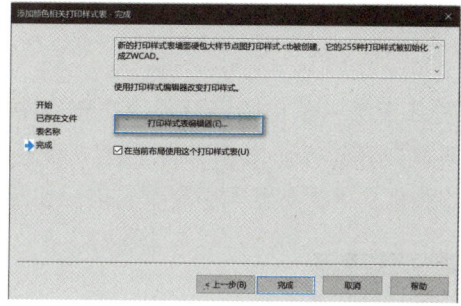

图 10-4 样式表名称设置界面(左)

图 10-5 完成界面(右)

在"打印样式编辑器"对话框当中,首先找到面板最左侧的 0-255 色号线型的打印样式,使用鼠标单击"颜色 1",与 Shift 键配合使用,按着保持不动;同时使用鼠标单击"颜色 255",保证所有的线型颜色都被选中;确定全被选中之后,在右侧的卷展栏"特性"中,找到颜色,将所有的线型颜色改为黑色,从而保证所有的线型颜色打印出来都呈黑色,点击"确定"确认,如图 10-6 所示。

点击"打印样式编辑器",在左侧"打印样式(P)"卷展栏,找到色号为"颜色 200"的线型,使用鼠标单击选中,在右侧"线宽(W)"中找到 0.250mm 线宽,如图 10-7 所示,设置"颜色 200"线型的打印粗细。

按照上述设置方式,在左侧"打印样式(P)"卷展栏,找到色号为"颜色 40"的线型,使用鼠标单击选中,在右侧"线宽(W)"中找到 0.250mm

二维码 10-1 绘图环境及打印样式设置绘制视频

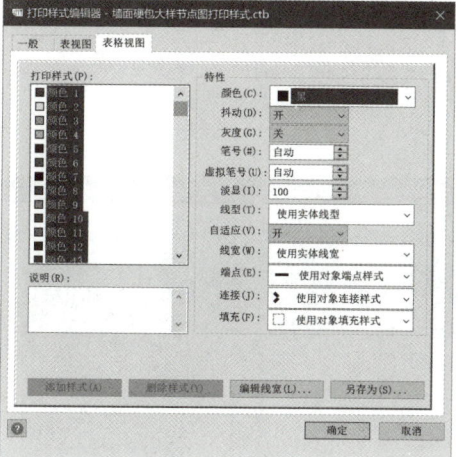
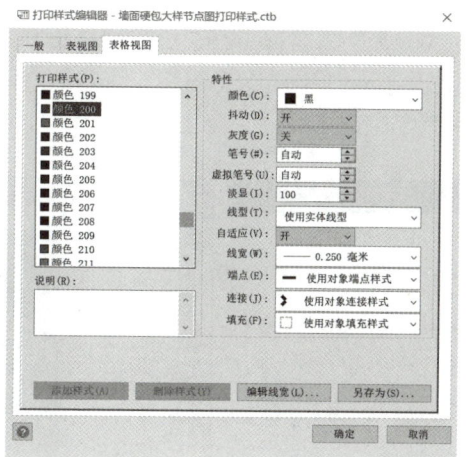

图 10-6 打印样式编辑器设置界面(左)

图 10-7 "颜色 200"线型打印粗细设置(右)

任务十 客厅墙面硬包大样图 139

线宽，如图10-8所示，设置"颜色40"线型的打印粗细。

依照以上设置方法分别设置不同图层颜色的打印线宽；设置完毕所有的线型打印样式之后。使用鼠标点击"完成"。

> **特别注意：**
> "颜色40"和"颜色200"线型打印粗细设置依据绘图时的图层颜色设置而改变。

5．节点绘制

（1）基层板绘制

打开平面布置图施工图纸，使用鼠标从平面布置图中拣选原建筑墙体和装饰完成面。启动〖复制嵌套图元〗命令（快捷键NCOPY）。按空格键执行命令，将墙体和完成面的线型从平面布置图中复制出来，如图10-9所示。

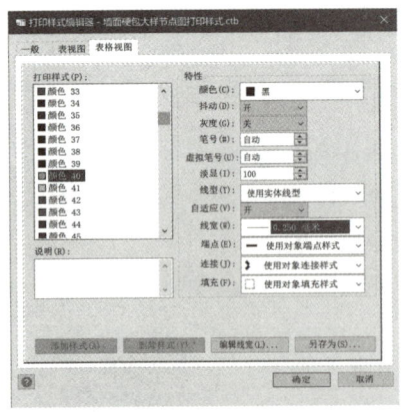
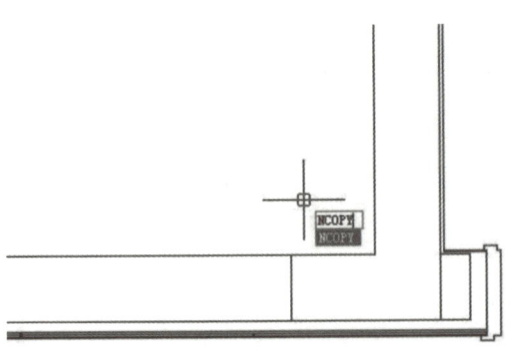

图10-8 "颜色40"线型打印粗细设置（左）

图10-9 NCOPY命令使用（右）

使用鼠标左键选中墙体硬包的装饰完成面，点击"图层管理器"卷展栏，将装饰完成面放置至"DT-粗线"图层之中；使用鼠标左键选中原建筑墙体图形，点击"图层管理器"卷展栏，将建筑墙体图形放置至"墙体完成面"图层之中，如图10-10所示。

启动〖图库管理〗命令（快捷键TKGL），按空格键执行命令，依次点选〖通用图库〗→〖室内图库〗→〖室内综合图库〗→〖动态面层板材〗，选择硬包动态图块，如图10-11所示。

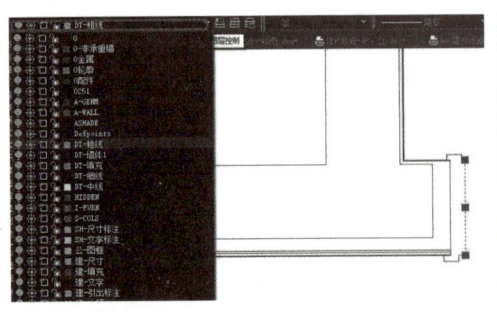
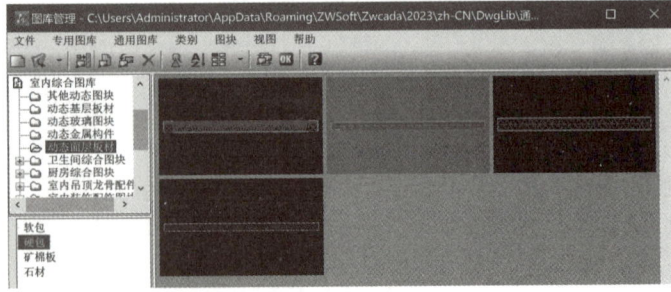

图10-10 更改线型图层（左）

图10-11 动态面层板材（右）

双击硬包动态图块，设置图块参数转角为180°，如图10-12所示，并将图块插入到绘图空间中。

应用〖移动〗命令（快捷键M），将硬包动态图块移动至装饰完成面内部；应用〖构造线〗命令（快捷键XL）绘制射线作为辅助线；鼠标点击选中射线，启动〖偏移〗命令（快捷键O），按空格键执行命令，在命令行"指定偏移距离或 [通过（T）／擦除（E）／图层（L）]"提示下输入起点偏移量700，将射线偏移出700mm的宽度；拖拽硬包一端，拉至辅助线处，如图10-13所示。

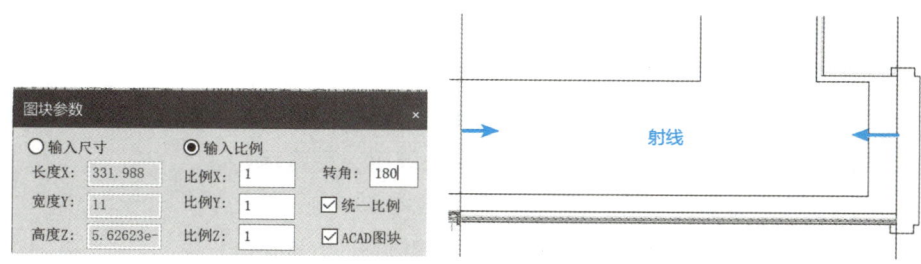

图10-12 硬包图块参数（左）

图10-13 辅助线射线的应用（右）

启动〖图库管理〗命令（快捷TKGL），按空格键执行命令，依次点选〖通用图库〗→〖室内图库〗→〖室内综合图库〗→〖动态基层板材〗，选择多层板动态图块，如图10-14所示。

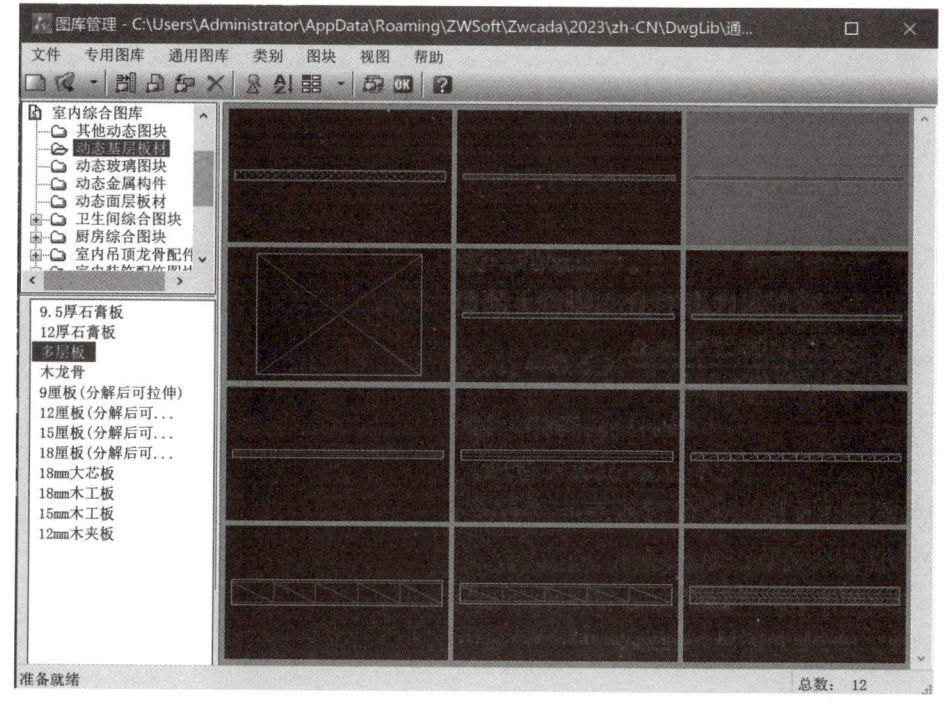

图10-14 动态基层板材

任务十 客厅墙面硬包大样图　141

双击多层板动态图块，设置图块参数宽度为 9，如图 10-15 所示，并将图块插入到图中面层板材"硬包"后面处。

根据设计提资中效果图以及模型中对方案的展示，硬包每块宽度为 700mm，两块硬包之间会有 5mm×15mm、厚度为 1mm 凸起的黑镜钢收边条进行收口，起到分割横向空间造型的作用。应用〖多段线〗命令（快捷键 PL）将黑镜钢不锈钢收边条造型绘制出来，如图 10-16 所示。

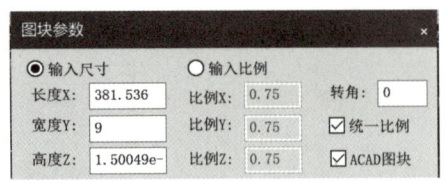 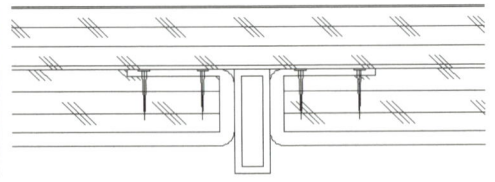

图 10-15　多层板图块参数（左）

图 10-16　金属不锈钢条的绘制（右）

启动〖图案填充〗命令（快捷键 H），按空格键执行命令，弹出"图案填充"对话框，从"图案"中选择金属填充；在比例数值框中输入 1:1，使填充图案适配节点造型的大小，如图 10-17 所示；使用鼠标框选中不锈钢收边条造型，选取填充边界，将金属图案填充至节点造型之中，如图 10-18 所示。

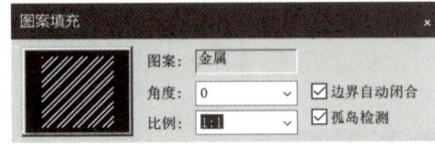 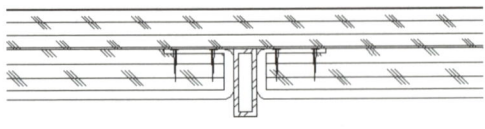

图 10-17　金属图案填充（左）

图 10-18　金属不锈钢条的填充（右）

使用鼠标框选中已绘制好的硬包和黑镜钢收边条，应用〖复制〗命令（快捷键 CO），将硬包和黑镜钢收边条图层复制到完成面造型之中，如图 10-19 所示。

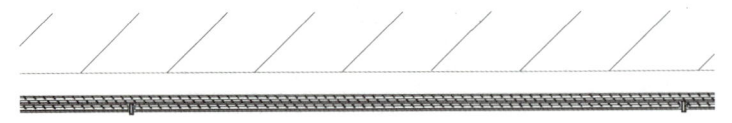

图 10-19　面层完成面的绘制

（2）龙骨绘制

启动〖图库管理〗命令（快捷键 TKGL），按空格键执行命令，依次点选〖通用图库〗→〖室内图库〗→〖室内综合图库〗→〖室内吊顶龙骨配件〗→〖主龙骨〗，如图 10-20 所示，最终选取 C50×20 轻钢龙骨，将 50 型轻钢龙骨拖拽至绘图空间当中，应用〖多段线〗命令（快捷键 PL）绘制出 50 "U" 形卡件，如图 10-21 所示。

二维码 10-2　节点绘制视频

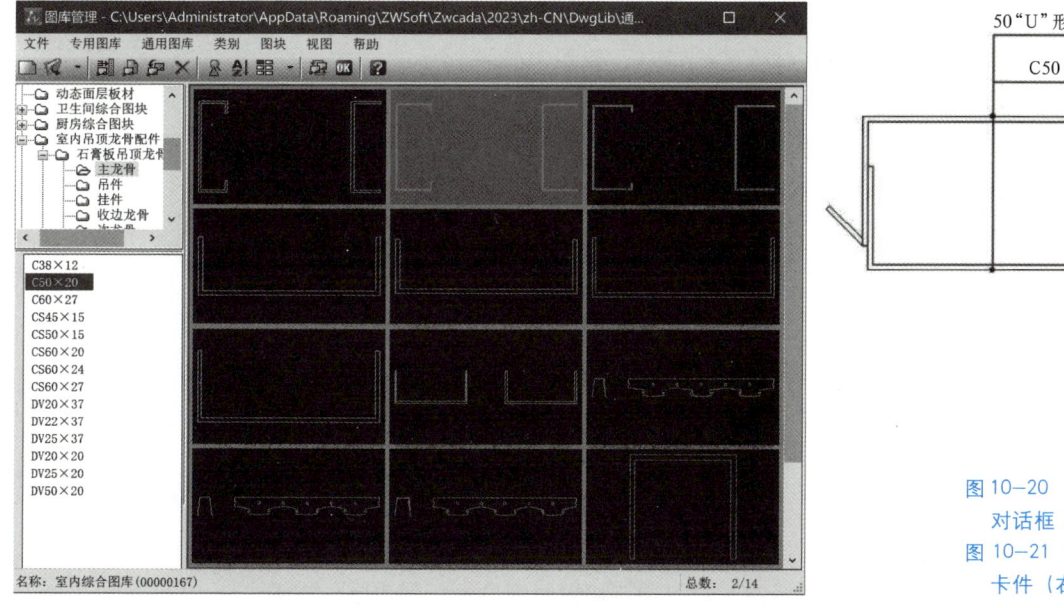

图 10-20 "图库管理"对话框（左）

图 10-21 50"U"形卡件（右）

启动〖图库管理〗命令（快捷键 TKGL），按空格键执行命令，依次点选〖通用图库〗→〖室内图库〗→〖室内平面〗→〖用品〗→〖紧固件〗→〖膨胀螺栓〗，选择 M6×70 图块，将膨胀螺栓移动至 50 型轻钢龙骨内部，组合成为结构层，如图 10-22 所示。

（3）布局排图

鼠标点击"布局 1"选项卡，将操作界面切换至布局视口，启动〖插入图框〗命令（快捷键 CRTK），鼠标点击选取"A3"图幅大小的图框，取消勾选"会签栏"，取消勾选"标题栏"，将 A3 空白图框插入至"布局空间"当中，如图 10-23 所示。

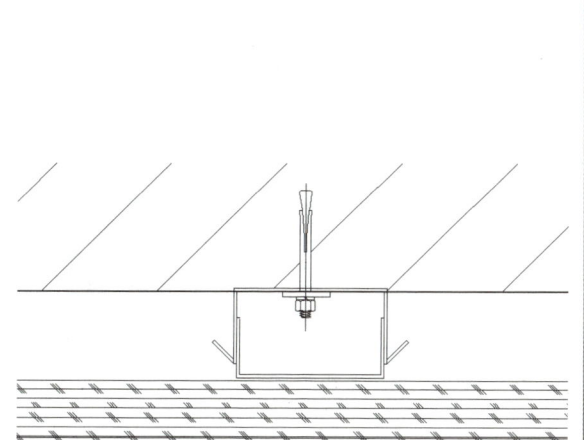

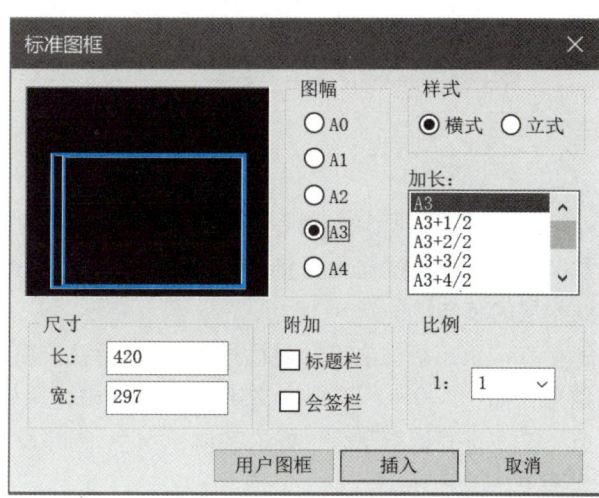

图 10-22 结构层的绘制

图 10-23 "标准图框"对话框

任务十 客厅墙面硬包大样图 143

启动〖矩形〗命令（快捷键 REC），按空格键执行命令；绘制长 130mm、宽 24mm 的标题栏，并在图框中输入图纸信息，如图 10-24 所示。

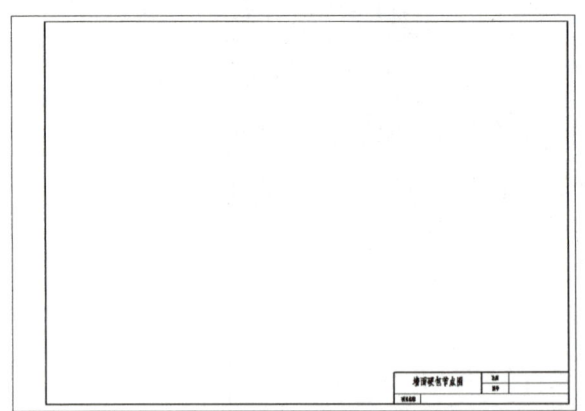

图 10-24 A3 图框的绘制

启动〖指定视口〗命令（快捷键 MV），按空格键执行命令，使用鼠标左键，依次点选图框内左上方角点及右下方角点，确定视口的范围。鼠标双击视口内部，启动〖窗口缩放〗命令（快捷键 Z），并按空格键执行命令，在命令行"[全部（A）/中心（C）/动态（D）/范围（E）/上一个（P）/窗口（W）/对象（O)]＜实时＞："提示下输入 1/5XP，完成创建 1:5 的布局视口窗。

启动〖矩形〗命令（快捷键 REC），按空格键执行命令，绘制矩形完全覆盖视口窗；鼠标点击矩形，在命令栏中输入快捷键"Ctrl+1"，激活"对象特性面板"；点击"线型"卷展栏，将矩形的线型更换至"——CENTER"；点击"线型比例"，输入值为 20。

启动〖逐点标注〗命令（快捷键 ZDBZ），按空格键执行命令，对硬包造型节点的装饰完成面进行尺寸标注，表达清楚装饰完成面相互之间的尺寸关系，如图 10-25 所示。

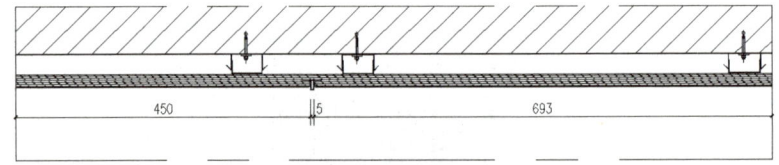

图 10-25 视口及逐点标注的绘制

启动〖引出标注〗命令（快捷键 YCBZ），按空格键执行命令，对硬包造型节点的装饰完成面进行材料做法标注，表达清楚硬包造型的装饰面、基层、结构层的装饰材料。

在"引出标注文字"对话框中，"上标注文字"信息栏中，写入材料缩写信息，如 MT-01，"下标注文字"信息栏中，写入材料全称，如黑镜钢收边条；文字样式选取已设置好的字体"汉字"，并设置"文字大小"字高为 3.0，如图 10-26 所示。

二维码 10-3 节点绘制及布局尺寸标注绘制视频

启动〖图名标注〗命令（快捷键 TMBZ），按空格键执行命令，鼠标点击"国际"图名标注样式，在图名文本信息框中输入墙面硬包大样图，图名"文字样式"卷展栏，设置文字样式为"汉字"，文字高度设置为 7；在图名比例文本框，输入文字 1：2，文字高度设置为 4，文字样式设置为"非汉字"，如图 10-27 所示，将设置好的图名标注，移动至图纸之中。

图 10-26 "引出标注文字"对话框（左）
图 10-27 图名标注设置（右）

启动〖图纸打印〗命令（快捷键 Ctrl+P），按空格键执行命令，在"打印－布局1"对话框中，选择名称为"DWG to PDF"的虚拟打印机，选择 A3 图幅，鼠标点击打印范围设置为"窗口"，并在窗口模式下，框选打印区域，在打印样式表中选择已经调整好的"墙面硬包大样节点图打印样式"，勾选图形方向为"横向"，勾选"居中打印（C）"，打印比例勾选"布满图纸（I）"，如图 10-28 所示。

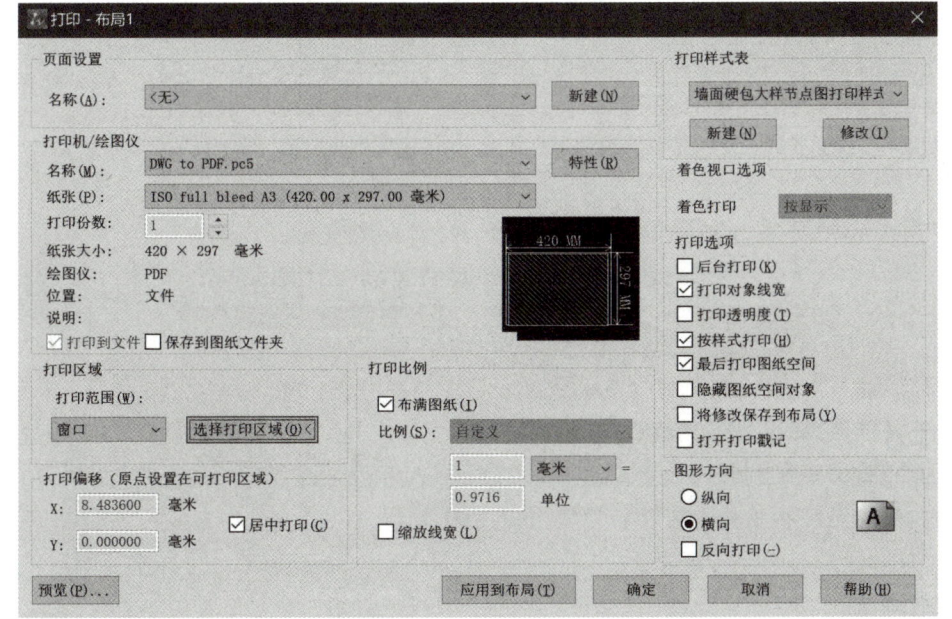

二维码 10-4 引出标注及打印绘制视频

图 10-28 打印设置

鼠标左键单击"预览（P）..."，检查图纸是否有错误，如无错误，点击"确定"，如图 10-29 所示。

任务十 客厅墙面硬包大样图 145

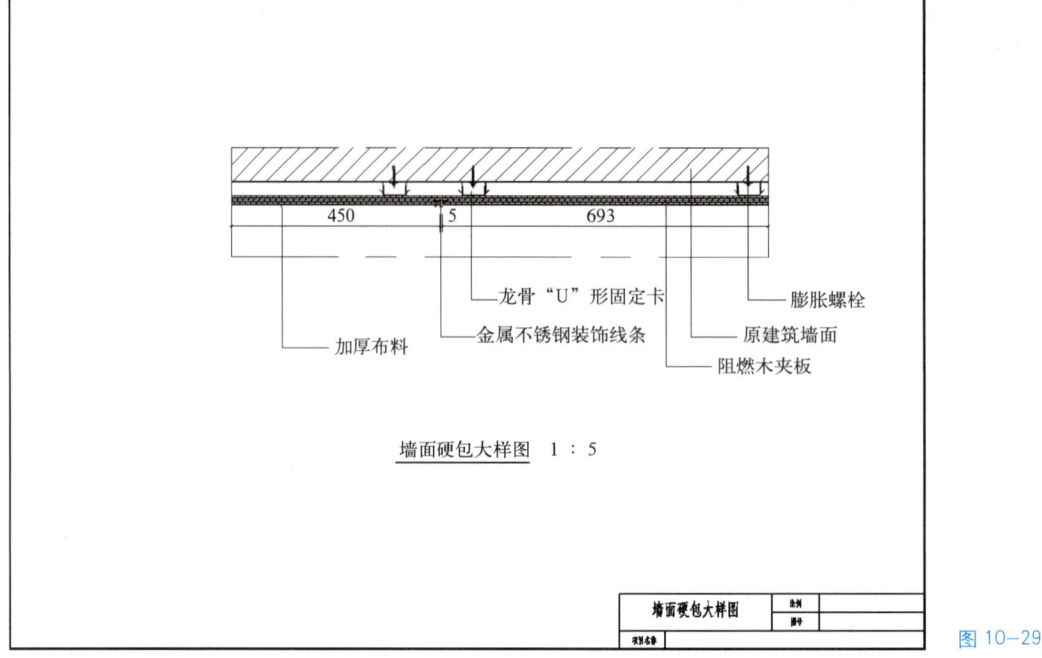

图10-29 打印出图

10.5 任务评价

任务自评 (20%)	客厅墙面硬包大样图绘制完整	□ 很好	□ 较好	□ 一般	□ 还需努力
	内容表达清晰准确	□ 很好	□ 较好	□ 一般	□ 还需努力
	符合制图规范	□ 很好	□ 较好	□ 一般	□ 还需努力
小组互评 (40%)	客厅墙面硬包大样图绘制整体效果	□ 优	□ 良	□ 中	□ 差
教师评价 (40%)	客厅墙面硬包大样图绘制质量	□ 优	□ 良	□ 中	□ 差

10.6 任务小结

10.6.1 通过本次任务熟练掌握以下节点的绘制方法

(1) 硬包墙面卡式龙骨节点绘制方法

(2) 熟练应用室内综合图库相关构件绘制硬包墙面节点图

10.6.2 知识及能力测试题

1. 单项选择题

(1) 装饰完成面为木饰面、金属饰面时，其基层应该选用什么板材？

A. 防火阻燃夹板　　　　B. 水泥纤维板

C. 纸面石膏板　　　　　D. 细木工板

（2）装饰完成面为硬包材料时，且完成面厚度小于100mm时，其结构层应该选用什么材料？

A．50"C"形轻钢龙骨＋"U"形卡件　　　B．方钢

C．角钢　　　　　　　　　　　　　　D．卡式龙骨

（3）KTV包房墙面一般采用（　　）作为装饰材料。

A．墙纸　　　B．涂料　　　C．板材　　　D．织物软包

（4）下列选项中（　　）不属于装饰平板玻璃。

A．毛玻璃和彩色玻璃　　　　　B．花纹玻璃和印刷玻璃

C．冰花玻璃和镭射玻璃　　　　D．浮法玻璃

（5）墙体饰面的构造层次不包括（　　）。

A．基层　　　B．抹灰底层　　　C．中间层　　　D．面层

二维码10-5　任务十 客厅墙面硬包大样图 课件资源

二维码10-6　习题参考答案

2．实操题

根据题目中所提供的效果图（图10-30），分析床头背景墙硬包造型所用到的装饰材料，以及各材料完成面直接的相互尺寸关系。根据剖切索引号，绘制床头背景墙硬包造型节点。

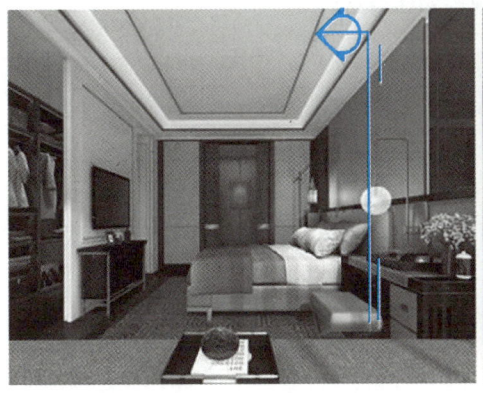

图10-30　效果图

建筑装饰施工一体化技能实训

11

任务十一　客厅石材背景墙大样图

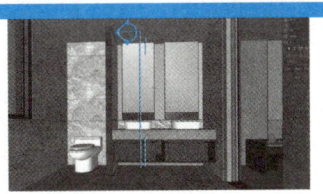

客厅石材背景墙大样图的绘制需在深刻理解施工工艺的基础上准确清楚地掌握施工工艺做法，需要把设计中的细节表达清楚和掌握内部的结构和材料的应用。其中所需的常用紧固件图块可在建筑CAD〖图库管理〗中调用。

11.1 教学目标

1．知识目标

（1）熟悉客厅石材背景墙节点构造；
（2）掌握绘制客厅石材背景墙节点步骤和方法。

2．能力目标

（1）能够使用建筑CAD绘制客厅石材背景墙节点图；
（2）能按相关规范要求审核节点合理性。

3．思政元素

（1）树立可持续发展节能观，不断增强节能意识；
（2）培养严谨认真的职业精神，厚植知行合一的职业理念；
（3）强调遵守标准和规范的重要性；
（4）具有工程思维与创新意识。

11.2 任务与分析

1．任务目的

运用建筑CAD绘制图11-1中墙面剖切位置深化设计图。

图11-1 客厅石材背景墙剖切位置线示意图

2．任务分析

该任务涉及墙面饰面层不同材质装修做法的构造转换，由下往上金属踢脚线的做法是粘贴固定于细木工板基层，瓦楞钢龙骨隔墙、9厘板衬底、面层粘贴固定；突出墙面的电视柜石材台面，可采用方钢管龙骨、细木工板基层衬板，面层粘贴固定；大面积的石材背景墙需要采用干挂方式固定，注意该图异形石材的绘制，墙面和楼地面、墙面和天花交接处构造做法。

11.3 基础知识

石材干挂按连接形式通常可以分为 3 类，即：直接式、骨架式和背挂式。

1. 直接式

直接式是指将被安装的石材通过金属挂件直接安装固定在主体结构上的方法，这种方法比较简单经济，但要求主体结构墙体强度高，最好是钢筋混凝土墙，如图 11-2 所示。

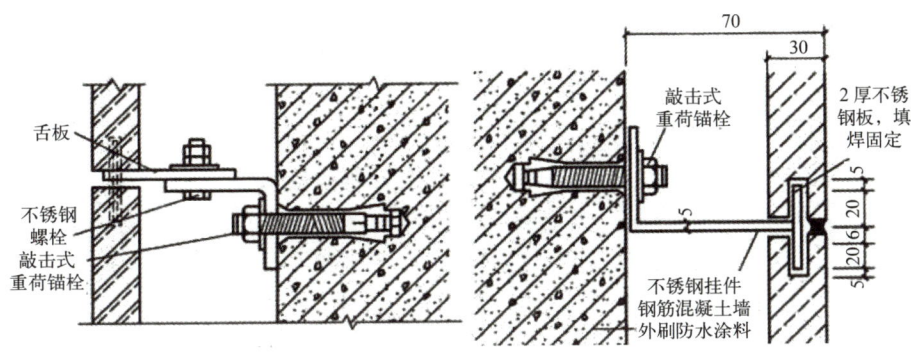

图 11-2 直接式干挂构造做法示意图

2. 骨架式

该工艺是利用耐腐蚀的螺栓和耐腐蚀的柔性连接件，将大理石、花岗石等饰面石材干挂在建筑结构的外表面，石材与结构之间留出 40~50mm 的空腔。骨架式石材干挂做法，在风荷载和地震作用的作用下允许产生适量的变位，以吸收部分风力和地震力，而不致出现裂纹和脱落，如图 11-3 所示。

3. 背挂式

背挂式：采用幕墙专用锚栓的干挂技术。锚固方式为背挂式，从正面看不见。利用背部锚栓可将板块固定在金属挂件上，安装方便，如图 11-4 所示。

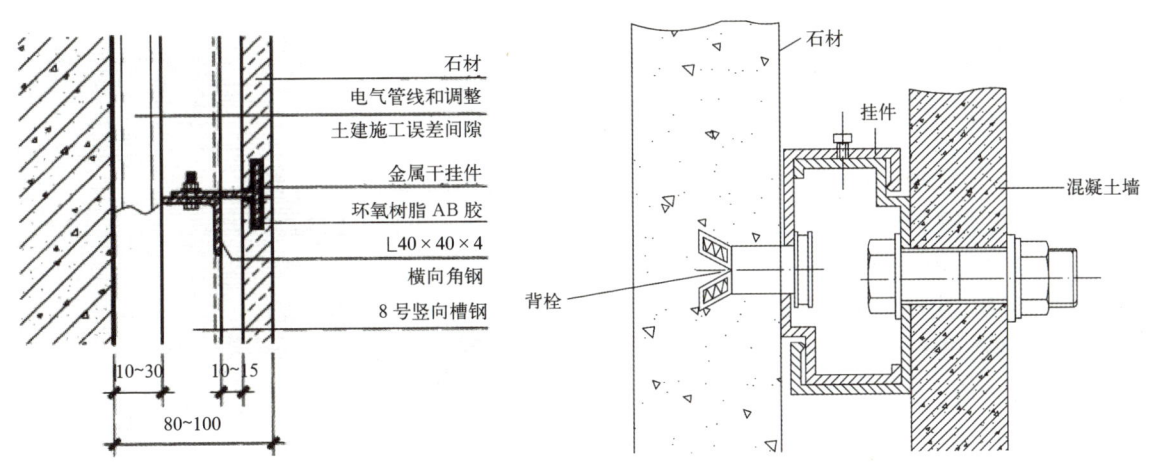

图 11-3 骨架式干挂构造做法示意图（左）

图 11-4 背挂式干挂构造做法示意图（右）

11.4 任务实施

1. 客厅石材背景大样图节点绘制

石材背景大样图节点绘制标注样式设置参照 8.4 任务实施 1. 节点绘图环境设置。

根据 P-07 立面索引图，客厅石材背景墙大样图绘制提资详见 E-03 客厅 C 立面图，根据客厅石材 C 立面图，绘制客厅石材背景墙大样图，下文将具体介绍客厅石材背景墙大样图详细绘制步骤。

二维码 11-1 P-07 立面索引图和 E-03 客厅 C 立面图

绘制楼板：应用〖矩形〗命令（快捷键 REC）绘制一个 920mm×80mm 的矩形框，然后应用〖填充〗命令（快捷键 H），选择钢筋混凝土进行图案填充，填充比例修改为 30。

绘制砌体墙：应用〖矩形〗命令（快捷键 REC）绘制一个 2130mm×100mm 的矩形框，然后应用〖填充〗命令（快捷键 H），选择普通砖图案，填充比例修改为 10；应用〖移动〗命令（快捷键 M），将砌体墙移动到如图 11-5 所示位置。

绘制找平层、砂浆层、铺砖层：将图层点选为"DT-中线"，应用〖矩形〗命令（快捷键 REC），分别绘制 820mm×20mm、820mm×10mm、820mm×20mm 3 个矩形框；应用〖填充〗命令（快捷键 H），对 3 个矩形框由下到上分别进行混凝土图案、砂灰土图案及 ANSI31 饰面砖图案的填充，填充比例分别修改为 10、10、100；应用〖移动〗命令（快捷键 M），将砌体墙移动到图 11-6 所示位置，然后将铺装完成面切换成"DT-粗线"。

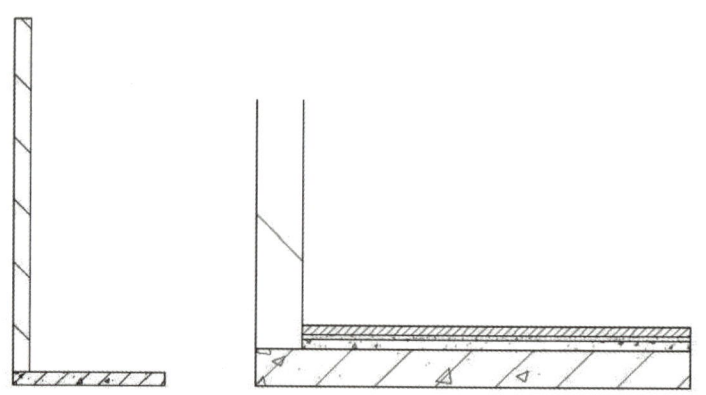

图 11-5 基层墙体及楼板的绘制（左）
图 11-6 地面构造层绘制示意图（右）

绘制 12mm 厚阻燃木夹板及 MT01 玫瑰金拉丝不锈钢踢脚线：应用〖设置多线〗命令（快捷键 MLST），点击〖修改〗命令，在出现的"修改多线样式：STANDARD"对话框中按照图 11-7 进行设置。

绘制踢脚线：启动〖图库管理〗命令（快捷键 TKGL），按空格键执行命令，依次点选〖通用图库〗→〖室内图库〗→〖室内综合图库〗→〖动态基层板材〗，选择多层板，点击鼠标右键，在弹出的快捷菜单中选择对象编辑，垂直方向图块参数调整如图 11-8 所示。

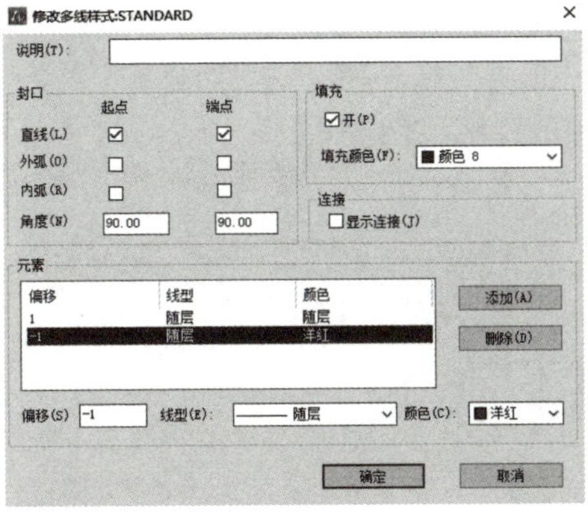

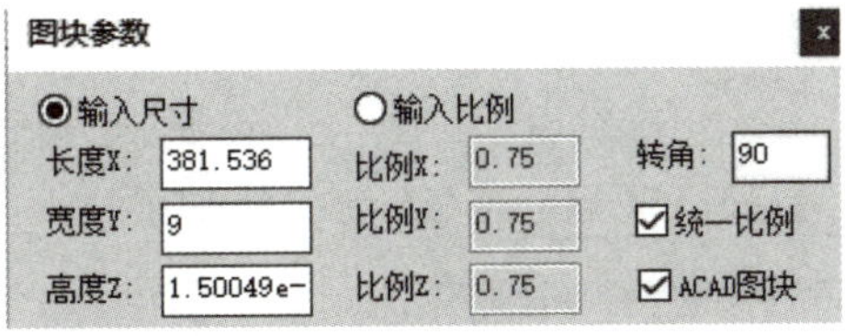

图 11-7 〖设置多线〗命令（左）

图 11-8 垂直设置多层板（右）

在绘图区，单击鼠标，完成垂直方向多层板的绘制。再次启动〖图库管理〗命令（快捷键 TKGL），按空格键执行命令，点选多层板，在输入尺寸中宽度调整为 13，其他同图 11-8 设置，在绘图区域绘制。应用〖多线〗命令（快捷键 ML）绘制 MT01 玫瑰金拉丝不锈钢踢脚线，绘制如图 11-9 所示图形。

绘制 50mm×50mm×3mm 镀锌方管，图案填充如图 11-10 所示设置。

应用〖矩形〗命令（快捷键 REC），绘制 25mm 厚、400mm 宽的 ST02 爵士白大理石，启动〖倒角〗命令（快捷键 CHA），按空格键执行命令，在命令行"第一条直线或 [多段线（P）/距离（D）/角度（A）/方式（E）/修剪（T）/多个（M）/放弃（U）]："提示下输入 D，第一、二条直线的距离均输入 3；应用〖移动〗命令（快捷键 M）将 50mm×50mm×3mm 镀锌方管移动到图 11-11 所示的位置。如若不是矩形的图形，均应用〖多段线〗命令（快捷键 PL）进行绘制，如图 11-11 所示。

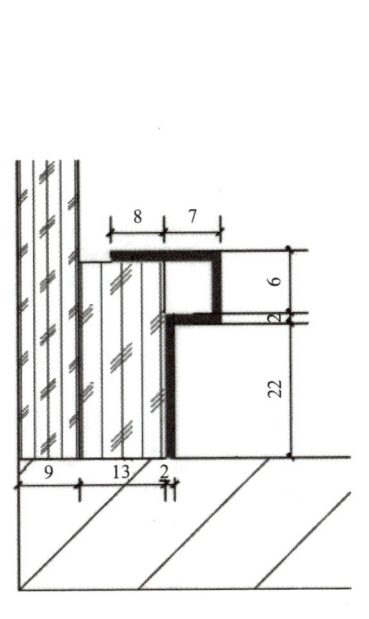
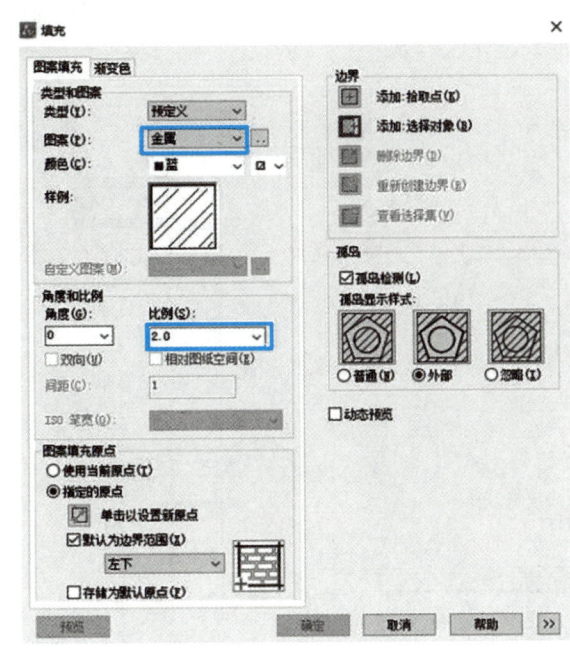

图 11-9 多线绘制示意图（左）

图 11-10 镀锌方管图案填充示意图（右）

应用〖多段线〗命令（快捷键PL）绘制不规则304不锈钢干挂件及40mm×40mm×3mm角钢，其中螺栓的绘制方法同任务八8.4任务实施—2客厅天花节点绘制—（3）绘制主龙骨及配件中M6-六角头螺栓的绘制，完成如图11-12所示石材干挂件。

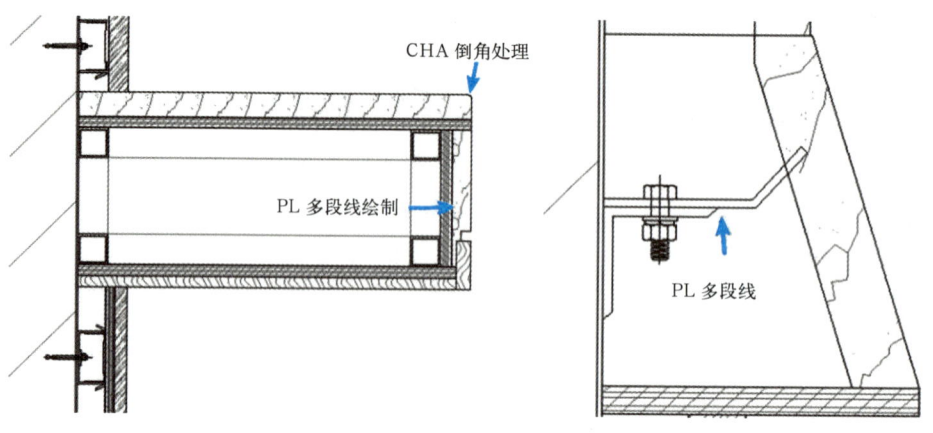

图11-11 爵士白大理石台面绘制示意图（左）

图11-12 爵士白大理石台面绘制示意图（右）

异形20mm厚ST02爵士白大理石应用〖多段线〗命令（快捷键PL）绘制，下面细木工板的金属装饰线条启动〖多线〗命令（快捷键ML）绘制，按空格键执行命令，在命令行"指定起点或 [对正（J）／比例（S）／样式（ST）]:"提示下输入J，在出现的对话框中选择B（下口对齐），完成如图11-13所示图形。

按照以上绘制方法依次绘制客餐厅石材背景墙的断面轮廓构造图，完成如图11-14所示图形。

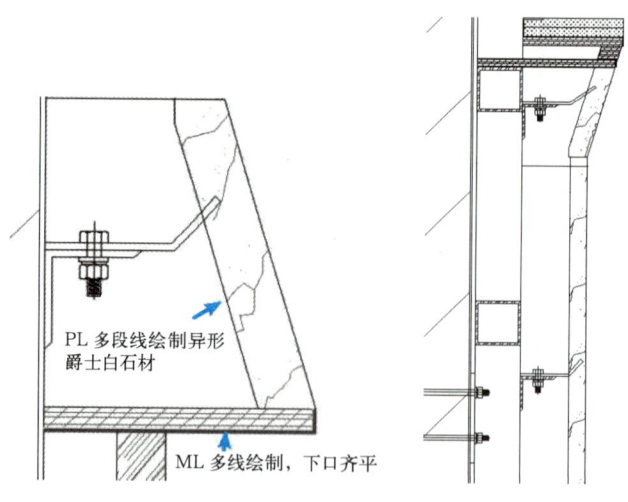

图11-13 异形爵士白大理石绘制示意图（左）

图11-14 上部爵士白大理石绘制示意图（右）

穿墙螺栓与5mm×100mm镀锌钢板的绘制方法如下。

应用〖矩形〗命令（快捷键REC），在墙的两侧绘制长100mm、宽5mm的长方形。启动〖图库管理〗命令（快捷键TKGL），按空格键执行命令，依次点选〖通用图库〗→〖室内图库〗→〖室内平面〗→〖用品〗→〖紧固件〗→〖常用螺栓，螺母，平垫及弹簧垫圈〗，选择M6-六角头螺栓图块，图块参数按照默认参数即可。

在绘图区单击，完成默认参数的M6-六角头螺栓图块绘制，如图11-15所示。选择该M6-六角头螺栓图块，启动〖分解〗命令（快捷键X），按空格键执行命令，再次按下空格键，重复分解该图块，直至该图块都分解成为单独的线。

选择如图11-15所示的螺母，应用〖删除〗命令（快捷键E），删除多余的螺母图形。

应用〖移动〗命令（快捷键M），将六角螺栓移动至5mm×100mm镀锌钢板的侧边，启动〖构造线〗命令（快捷键XL），按空格键执行命令，在命令行"[等分（B）／水平（H）／竖直（V）／角度（A）／偏移（O）]："提示下输入V，设置垂直构造线，选择墙体下方的中心点，完成构造线绘制。应用〖镜像〗命令（快捷键MI），对六角螺栓沿构造线镜像，完成如图11-16所示图形。

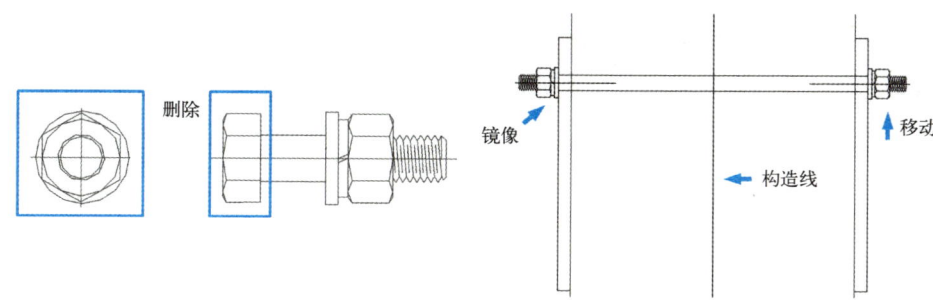

图11-15 M6-六角头螺栓处理示意图

图11-16 穿墙螺栓绘制示意图

根据规范要求在合理位置布置5mm×100mm镀锌钢板、40mm×40mm×3mm镀锌角钢，完成如图11-17所示图形。

其中轻钢龙骨构件的画法参见任务十客厅墙面硬包大样图10.4任务实施—5节点绘制—（2）龙骨绘制。

2．布局出图

鼠标点击"布局1"选项卡，将操作界面切换至布局视口，启动〖插入图框〗命令（快捷键CRTL），按空格键执行命令，鼠标点击选取"A3"图幅大小的图框，取消勾选"会签栏"，取消勾选"标题栏"，将A3空白图框插入至"布局空间"当中。

启动〖矩形〗命令（快捷键REC），按空格键执行命令，绘制长130mm、宽24mm的标题栏，并在图框中输入图纸信息。

启动〖指定视口〗命令（快捷键MV），按空格键执行命令，以对角线的

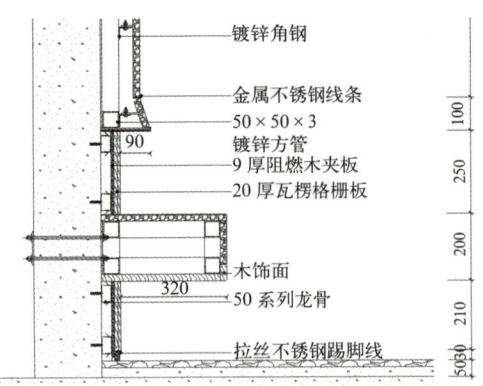

图 11-17 客厅背景墙节点大样完成面示意图（左）

图 11-18 完整的客厅石材背景墙大样图（右）

二维码 11-2 客厅石材背景墙节点大样图绘制视频

形式，绘制一个合适大小的视口。双击进入视口中，使用鼠标滚轮，对模型中的客厅石材背景墙节点图形进行位置和大小的调整，在视口比例处选择 1∶10 的比例。

再次调整和完善视口线的大小以及图形位置；启动〖复制〗命令（快捷键 CO），按空格键执行命令，向上复制一个视口，调整视口线大小及图形位置；双击进入视口，锁定视口比例 1∶10。

选择上侧视口线，启动〖移动〗命令（快捷键 M），按空格键执行命令，水平向上移动 2 个距离值；按 1∶1 绘制折断线，最后进行尺寸标注、做法引注、图名标注，完成如图 11-18 所示图形。

11.5　任务评价

任务自评 (20%)	客厅石材背景墙大样图绘制完整	□很好	□较好	□一般	□还需努力
	内容表达清晰准确	□很好	□较好	□一般	□还需努力
	符合制图规范	□很好	□较好	□一般	□还需努力
小组互评 (40%)	客厅石材背景墙大样图绘制整体效果	□优	□良	□中	□差
教师评价 (40%)	客厅石材背景墙大样图绘制质量	□优	□良	□中	□差

11.6　任务小结

11.6.1　通过本次实训掌握以下绘制方法

（1）掌握干挂石材骨架式绘制方法

（2）掌握饰面板构造的绘制方法

11.6.2 知识及能力测试题

1. 单项选择题

(1) 利用 CAD 软件，下面的操作中不能实现复制的是（　　）。
A. 旋转　　　　　B. 镜像　　　　　C. 分解　　　　　D. 偏移

(2) 玻璃钢是（　　）。
A. 纤维强化材料　B. 玻璃　　　　　C. 钢材　　　　　D. 石材

(3) 木材属于（　　）。
A. 有机材料　　　B. 无机材料　　　C. 高分子材料　　D. 合成材料

(4) 施工图的审核，应注重于（　　）。
A. 技术方案要求是否得到满足
B. 各专业设计的质量标准和要求是否得到满足
C. 使用功能及质量要求是否得到满足
D. 方便施工组织与生产操作是否得到满足

(5) 对于异形图案的绘制通常采用（　　）命令。
A. PL　　　　　　B. ML　　　　　　C. L　　　　　　　D. DI

二维码 11-3　任务十一　客厅石材背景墙大样图课件资源

二维码 11-4　习题参考答案

2. 实操题

运用建筑 CAD 熟练绘制图 11-19 中指定的干挂石材转角构造节点图。

图 11-19　干挂石材转角节点剖切位置图

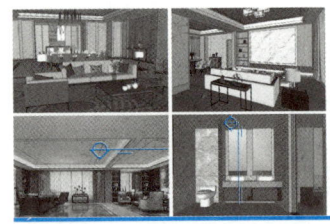

建筑装饰施工一体化技能实训

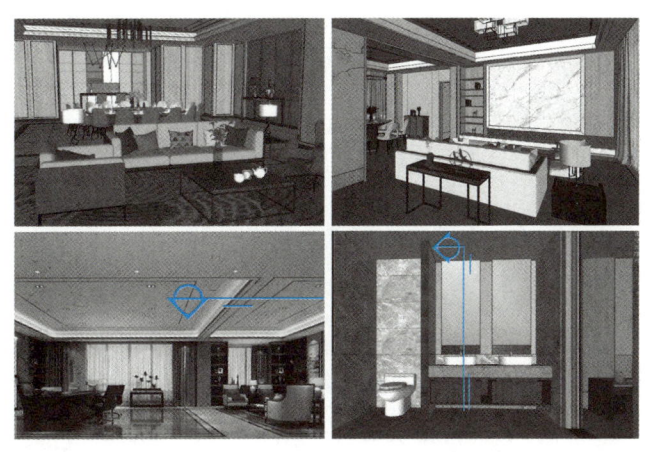

建筑装饰施工一体化技能实训

模块三
施工图实训

建筑装饰施工一体化技能实训

12

任务十二　建筑装饰施工图深化设计

实训任务书

一、建筑装饰施工图设计实训须知

1. 实训内容
建筑装饰施工图设计。

2. 实训组织
（1）实训组织

建议两名选手一组，合作完成实训任务，也可以单人独立完成实训任务。

（2）实训成果文件的命名

必须按照如下要求为实训成果文件正确命名。

1）图形（dwg）文件命名

如成果为一个图形文件（dwg），按"施工图设计.dwg"命名；如提交成果为多个图形（dwg）文件，则图形文件按照所绘制的图纸内容命名，例如：绘制×××立面图，文件命名为"×××立面图.dwg"。

2）文本（pdf）文件命名

施工图设计必须合成为一个pdf文件，按"施工图设计.pdf"命名。

二、建筑装饰施工图深化设计

某酒店餐厅和会议室位于2层，装饰设计详见"三、建筑装饰施工图设计方案、效果图及说明"。实训学生须遵照该方案和任务书要求，完成规定任务的施工图设计。

1. 设计内容及要求

（1）根据任务书及有关附件，完成建筑装饰施工图设计，包括平面、立面和剖面及详图设计。施工图设计满足有关规范的要求，构造合理，表达清晰，符合任务书要求。

（2）该部分需要提交的成果文件包括：封面、目录、施工图设计说明、主要材料表、平面布置图、地面铺装图、天花布置图，指定的剖立面图、指定位置的剖面图及装饰详图等内容。

2. 说明

（1）文字注释样式设置：设置文字样式名为"汉字"，字体名为"仿宋"，宽度因子为0.7。

（2）尺寸标注数字设置：文本字体为"simplex.shx"，宽度因子为0.7。

（3）自行选用合适的图幅，从建筑CAD软件中调用，选用默认图框和标题栏，标题栏如图12-1所示。

（4）封面

封面信息包括：

建筑装饰施工图设计	比例	
	图号	
项目名称		

图 12-1 标题栏示意

① 建筑装饰施工图设计；
② 项目名称；
③ 日期： 年 月 日。

（5）主要材料表

主要材料表的格式和内容按照图 12-2 绘制。

序号	材料编号	材料名称	材料规格	防火要求	使用部位	备注

图 12-2 主要材料表

（6）图纸编号

图纸编号：目录采用"ML-××"；施工说明采用"SM-××"；主要材料表采用"C-××"；平面图采用"P-××"；立面图采用"E-××"；节点大样及剖面图采用"S-××"。"××"为阿拉伯数字，如第1张平面图，图纸编号为"P-01"。

3．实训形式

两名学生合作完成实训任务，或一名学生独立完成实训任务。

4．提交的实训成果文件

（1）一个或多个 *.dwg 文件；

（2）一套施工图设计文本（pdf）。*.pdf 格式的施工图文本符合国家制图相关标准，出图比例自定。

三、建筑装饰施工图设计方案、效果图及说明

某酒店餐厅和会议室建筑装饰设计方案说明目录及效果图如下，实训学生须遵照该目录要求，完成规定任务的施工图设计。

1．剖立面索引及定位图

剖立面索引及定位图见图 12-3，包括以下内容。

（1）包间剖立面

（2）会议室剖立面

（3）卫生间剖立面

2．参考效果图

包间、会议室及卫生间参考效果图见图 12-4~ 图 12-12。

（1）包间参考效果图 1

（2）包间参考效果图 2

（3）会议室参考效果图 1

任务十二 建筑装饰施工图深化设计

（4）会议室参考效果图 2

（5）卫生间参考效果图

3. 节点剖切位置图

（1）包间节点剖切位置图 1

（2）包间节点剖切位置图 2

（3）会议室节点剖切位置图 1

（4）会议室节点剖切位置图 2

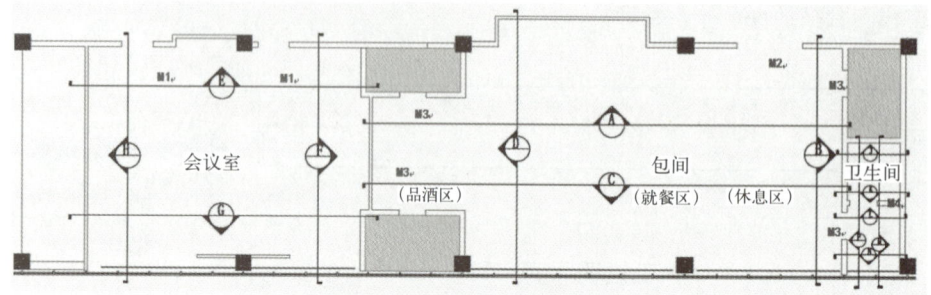

备注：阴影区域不在设计及算量范围内

图 12-3　剖立面索引及定位图

图 12-4　包间参考效果图 1

图 12-5　包间参考效果图 2

图 12-6 会议室参考效果图 1

图 12-7 会议室参考效果图 2

图 12-8 卫生间参考效果图

图 12-9 包间节点剖切位置图 1

图注:1—绘制顶面剖切节点 1;2—绘制墙面剖切节点 2

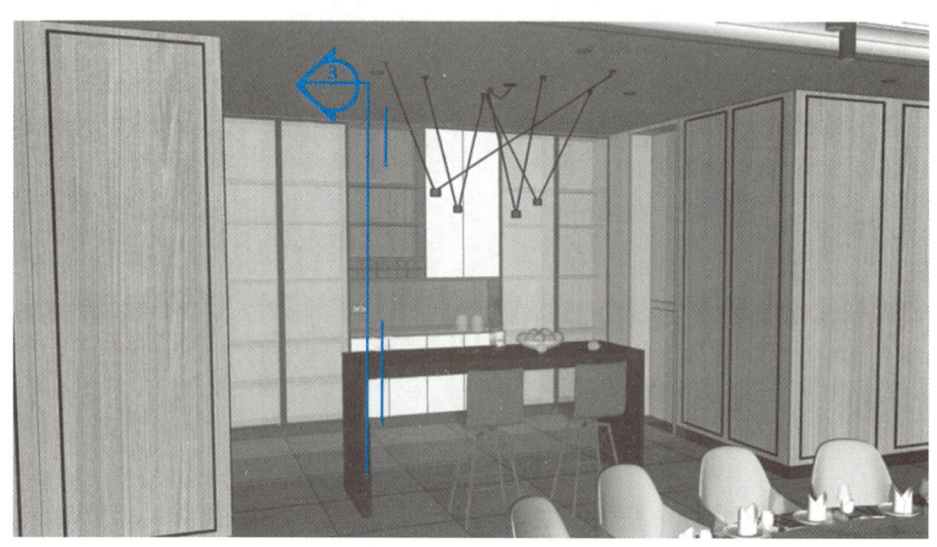

图 12-10 包间节点剖切位置图 2

图注:绘制墙面剖切节点 3

图 12-11 会议室节点剖切位置图 1

图注:1—绘制墙面剖切节点 4;2—绘制墙面剖切节点 5

图12—12 会议室节点
剖切位置图2

图注：1—绘制墙面剖切节点6（含吊柜门）；2—绘制顶面剖切节点7

四、任务分析

实训任务书的分析及评分点见表12—1。

建筑装饰施工图深化设计任务分析表　　　　　　　　　　表12—1

序号	项目	评分点	任务分析
1	封面	信息正确、美观	严格按照实训任务书要求绘制封面，封面信息包括：①建筑装饰施工图设计；②项目名称；③日期：　年　月　日；不得多项、漏项
2	目录	目录内容完整，顺序正确。内容及顺序：装饰施工图设计说明、平面布置图、楼地面平面图、天花布置图、室内立面图、墙柱面装饰剖面图、装饰详图	对照评分细则，排列目录顺序，目录内容应确保绘制规范、完整
3	施工图设计说明	施工图设计说明内容应包含：工程概况、设计风格、施工工艺、构造做法及注意事项	按照评分细则编制施工图设计说明，需要注意施工工艺与构造做法的区别；施工工艺注重体现装饰施工做法工艺流程，构造做法体现构件之间的相对位置关系及常规的材料规格
4	主要材料表	材料选用、材料表编制	材料描述完整准确，和图纸对应，主要材料表的格式和内容应注意参看任务书要求，材料需采用常用的编号及规格型号，材料代码的规律可以参照英文单词的缩写，例如大理石地面采用 ST 打头，常用规格是 20mm，木质饰面板常采用 WD 打头，规格 10~20mm 不等，软硬包采用 UP 打头，壁纸采用 WC，玻璃采用 GL，装饰镜采用 MR 等
5	建筑平面图	①图纸比例、图幅。②空间平面：轴线、墙体、隔墙、柱子、门、窗等。③尺寸标注：建筑主体结构、墙体和隔墙定位尺寸标注。④符号：内视投影符号、详图索引符号、轴线编号等。⑤说明：文字说明、图名比例。⑥图线：符合国家相关制图标准的要求	图纸比例、图幅按需设置，确保整体规范、美观；空间平面构件分层绘制，定位及尺寸准确；尺寸需要注意三道尺寸标注线，标注应规范、美观；文字注释样式设置、尺寸标注数字设置严格按照任务书要求绘制

任务十二　建筑装饰施工图深化设计

续表

序号	项目	评分点	任务分析
6	平面布置图	①图纸比例、图幅。 ②空间位置：各功能空间的家具、陈设、隔断、绿化等的形状、位置。固定的装饰造型、隔断、构件、家具、卫生洁具、照明灯具、花台、水池、陈设以及其他固定装饰配置和饰品；标注门窗编号及开启方向，表示家具的橱柜门或其他构件的开启方向和方式；其他平面布置图需要表达内容；所绘设计图内容及空间布置形式，须与所提供的方案设计图相符；布置合理，家具尺度合理，符合人体工程学要求；规范、美观。 ③尺寸文字标注：装饰尺寸标注，如隔断、家具、装饰造型等的定形、定位尺寸；相关文字标注。 ④符号：内视投影符号、详图索引符号、标高符号等。 ⑤图线：符合相关制图标准，合理，美观	根据评分标准，本实训案例在平面布置图中需注意以下几项：绘制出固定的装饰造型、隔断、构件、家具、卫生洁具、照明灯具、陈设以及其他固定装饰配置和饰品的定形尺寸，定位尺寸可以按照其外边缘或者中心线定位，给出文字标注；标注门编号以及开启方向，门窗较多时可以在本图面左下方设置门窗表；表示家具的橱柜门或其他构件的开启方向和方式也需要绘制出来
7	地面铺装图	①图纸比例、图幅。 ②楼地面面层分格线和拼花造型，平面布置图表达的相关内容等。 ③尺寸文字标注：建筑主体结构，标注其开间、进深、门窗洞口等尺寸；标注分格和造型尺寸；相关的文字标注。 ④细部做法的索引符号、图名比例、标高符号等。 ⑤图线：符合相关制图标准，合理，美观	本实训案例地面铺装图中所有铺贴材料需要给出文字标注，在图纸左下方可以做出不同材料的图例；按照要求绘制地砖面层分格线，标注不同波打线的宽度，给出地面铺装图的起铺点，给出该房间的开间、进深（方便清单计量），门窗洞口标示出门槛石材质及宽度；不同功能区间地面标注地面标高及面积
8	天花布置图	①图纸比例、图幅。 ②反映平面布置图表达的相关内容 ③所绘设计内容及形式应与方案设计图相符，顶棚（天花）造型、天窗、构件、装饰垂挂物及其他装饰配置和饰品；所有明装和暗藏的灯具（包括火灾和事故照明灯具）、发光顶棚（天花）、空调风口、喷头、探测器、扬声器、挡烟垂壁、防火卷帘、防火挑檐、疏散和指示标志牌等的位置，可画出顶棚的造型断面图。 ④图线：按照相关制图标准设置图线。 ⑤尺寸文字标注：建筑尺寸、顶面的造型、面层设备等定位尺寸；相关的文字标注、图名比例	本实训案例天花布置图能够清晰、完整反映模型中全部需要表达的内容：包括各种灯具，需要开孔的注明开孔尺寸，各种设备包括风口、检修口、烟雾报警器，需要开孔的注明空洞尺寸，以上内容可单独绘制图例；绘制顶棚造型投影线，包括各种装饰线条，标注造型尺寸、设备定位尺寸；标注顶棚标高、节点剖切线、详图索引符号及面层装饰做法
9	立面图	①图纸比例、图幅。 ②绘制立面图。所绘设计内容及形式应与方案设计图相符。绘制剖到的建筑结构（墙体、楼板和梁）、剖到墙体位置的装饰完成面线、吊顶造型轮廓线、地面完成面线；立面和柱面的装饰造型、固定隔断、固定家具、装饰配置、饰品、广告灯箱、门窗、栏杆、台阶、设备面板等的位置。靠墙活动家具视情况绘制。非固定物如可移动的家具、艺术品、陈设品及小件家电等一般不需绘制图线。 ③按照相关制图标准设置图线（说明：靠墙的活动家具用虚线表示）。 ④尺寸文字标注：建筑尺寸、墙面的造型定位尺寸、面层设备等定位尺寸；相关的文字标注、图名比例等。 ⑤符号：轴线、立面标高符号、细部索引符号、剖切索引符号、填充图例说明等	按照实训任务书要求绘制剖切到的柱、梁、板、门窗洞口，完整表达方案设计图中的内容，包括绘制的各个视角的墙体（有几个视角绘制几个立面），墙体上的吊顶造型轮廓线，地面完成面线，固定家具剖切断面投影线，墙上各种装饰造型，标注材料及定位尺寸，装饰材料较多时可绘制图例表；石材上墙需要绘制其分格线，标注每块石材规格大小；门窗洞口按照规范绘制开启方向线，构造复杂位置需要绘制节点剖切线、详图索引符号

续表

序号	项目	评分点	任务分析
10	剖面图及装饰详图	①图纸比例、图幅。 ②剖面大样图。所绘设计内容及形式应与方案设计图相符。局部剖面图应能绘制出平面图、天花布置图和立面图中需要特殊表达的部位，应表明剖切部位的装饰装修构造的各组成部分的关系或装饰装修构造与建筑构造之间的关系；以及不同装饰构造的衔接关系。 ③局部大样图所绘设计内容及形式应与方案设计图相符。将平面图、天花布置图、立面图和剖面图中某些需要更加清晰表达的部位，单独抽取出来绘制大比例图样，大样图要能反映更详细的内容。 ④按照制图标准设置图线。 ⑤尺寸文字标注：建筑尺寸、构造及定位尺寸、详细造型尺寸；标注装饰材料的种类、图名比例等。 ⑥符号：轴线、标高符号、填充图例说明等	按照实训任务书要求绘制渲染图中指定的剖面图及装饰详图。剖面①考察的是跌级吊顶的深化做法，其中涉及GRG装饰新材料的施工做法，这种材料是建筑石膏与玻璃纤维经过特殊处理而成的新型装饰材料，具有不易开裂、造型灵活的特点。该种装饰材料出厂即为成品构件，通常有两种做法，第一种是采用自攻螺钉与轻钢龙骨固定，不同板厚自攻螺钉的长度要求不同，12mm厚的板材需要25mm长的自攻螺钉，两层厚的板材需要35mm长的自攻螺钉；第二种是该种构件出厂时已经预埋"L"或"T"形预埋件，然后与型钢采用螺栓固定。剖面②主要考察大理石干挂做法，该做法不唯一，合理即可，本案例采用镀锌方钢管作为立柱，镀锌角钢作为横梁，采用专用干挂件施工。剖面③主要考察柜子的装饰做法，所绘设计图内容及空间布置形式，须与所提供的方案设计图相符，柜子尺度合理，符合人体工程学要求，规范、美观。剖面④主要考察隔断的绘制，可根据面层距离基层墙体的距离合理选择隔断材料，本案例采用100系列轻钢龙骨，特殊造型的地方采用木龙骨、基层板与面层板组合的形式。剖面⑤考察的是装饰玻璃与柜子组合的装饰做法。本案例采用方钢管龙骨，如果是非潮湿房间，木龙骨也可以，采用阻燃基层板，白色烤漆玻璃粘贴固定，柜子采用常规做法。剖面⑥是考察电视装饰背景墙做法，装饰背景墙采用硬包做法，电视镶嵌在硬包中
11	虚拟打印	设置正确，布局合理、美观，视口比例选择正确。 图幅尺寸正确，图框及标题栏完整。 图纸完整，无缺失。图纸合成顺序正确	按照评分细则出图

另附任务一～任务十一图纸以供参考，详见图纸补充二维码。

二维码 12-1　图纸补充

参考文献

[1] 杨洁,周红梅.建筑装饰施工图识读与实训[M].北京:机械工业出版社,2018.

[2] 中华人民共和国住房和城乡建设部,中华人民共和国国家质量监督检验检疫总局.建筑制图标准:GB/T 50104—2010[S].北京:中国建筑工业出版社,2011.

[3] 中华人民共和国住房和城乡建设部,中华人民共和国国家质量监督检验检疫总局.房屋建筑制图统一标准:GB/T 50001—2017[S].北京:中国建筑工业出版社,2018.

[4] 中华人民共和国住房和城乡建设部.房屋建筑室内装饰装修制图标准:JGJ/T 244—2011[S].北京:中国建筑工业出版社,2012.

[5] 中华人民共和国住房和城乡建设部.内装修—墙面装修:13J502-1[S].北京:中国计划出版社,2013.

[6] 中华人民共和国住房和城乡建设部.内装修—室内吊顶:12J502-2[S].北京:中国计划出版社,2013.